線形制御工学

竹内義之 著

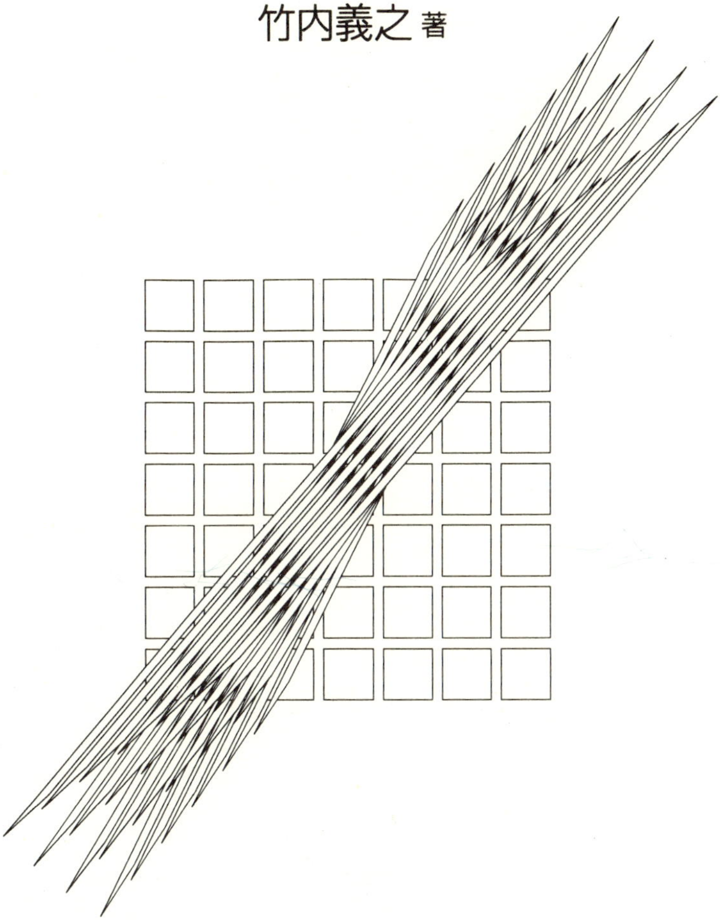

大学教育出版

まえがき

本書は現代制御理論について述べてある。理由は、古典制御理論が内部をブラックボックスにし、入出力関係を伝達関数で表わして周波数空間で解析するのに対して、現代制御理論は内部状態表現をした動的システムを状態空間で解析するため、高精度で、速応性のある、しかも安定性を保証する制御を期待できるからである。また、古典制御理論はスカラ入出力を取り扱っており、多入出力系ではその威力を失う。これに対して現代制御理論は多入出力系を取扱うことができ、状態空間では実時間領域で解析や設計を行うのでコンピュータ制御に適している。そして、最近では H^{∞} 制御のように、古典制御理論をその一部に組み込む理論体系へと発展してきている状況にあるためである。

制御系を設計するには、系をモデリングし、解析、設計をする手順を踏まなければならない。系のモデリングには数学モデルを作る方法と入出力データからモデルを作る方法がある。本書では数学モデルを作る方法について述べる。その場合、力学系ではニュートンの運動法則、ダランベールの原理、電気回路ではキルヒホッフの法則等を使って運動方程式、回路方程式を導き、それを基にして状態方程式や伝達関数（行列）を導く。システム解析では系の過渡応答特性や安定性を調べる。システム設計では制御対象と目標値が与えられたとき、応答量が目標値に近づくように制御装置を設計する。

本書では先ずアナログ制御理論について述べる。それは実系が連続時間系であること、アナログ制御系を設計して、それよりディジタル制御系を再設計できることによる。その後でディジタル制御理論について述べる。アナログ制御とは連続時間で連続信号値を扱うコントローラを用いた制御で、その系をアナログ制御系という。ディジタル制御とは離散時間で量子化された信号、いわゆるディジタル信号を取り扱うコントローラを用いた制御で、それで構成される制御系をディジタル制御系という。その他に古典的ディジタル制御理論としてサンプル値制御理論がある。これは離散時間で連続信号値を取り扱う制御理論であるが、本書では言及しない。そしてこの書は、従来ある理論をまとめたもので読者が制御系設計理論の基礎を理解するのに役立つように配慮した積りであるが、不十分な点が多々あると思われる。これについては改訂版で補足していく予定である。本書出版にあたり、御尽力戴いた大学教育出版取締役佐藤守氏ならびに関係諸氏に感謝致します。

線形制御工学

目　次

第１章　自動制御

自動制御とは制御装置によって自動的に行われる制御であり、応用面から自動調整、プロセス制御、サーボ機構に分けられるが、現在ではこれらをまとめて自動制御と呼んでいる。

１．１　自動制御の分類

自動調整（automatic regulation）

原動機の調速、電流、電圧、周波数の自動制御などを自動調整というが、一般に機械や電気量の定値制御である。

プロセス制御（process control）

プロセスというのは工程という意味で、物質に化学反応を起こさせて製品を造りだす工業をプロセス工業ということから、そこで使われる制御をプロセス制御という。プロセスの状態量は温度、圧力、流量、水位、pHなどであり自動調整やサーボ機構に比較して系の変化が緩やかで、多くの場合、状態量を一定に保つ定値制御である。最近は自動車、電力、機械などの製造工程の制御にもプロセス制御という言葉が使われている。

サーボ機構（servomechanism）

制御量として機械系のものが多く、物体の位置、方位、姿勢などを、目標値の変化に追従させる制御系である。目標値が変化すること、一般に遠隔制御であるなどの特徴を有する。詳しくは、目標値が定められた時間関数で変化する場合をトラッキング問題（tracking problem）、目標値が任意に変化する場合を追従制御問題（follow-up control problem）という。

1．2　定　義

制御（control）とは、目的に適合するように対象となるものに所要の操作を加えることをいう[19]。人間が制御動作を行う制御が手動制御であり、制御装置によって自動的に制御するのが自動制御である。制御には対象となるもの、機械、プロセス、物理・社会現象などがあり、これを制御対象（controlled object, controlled system）という。制御対象に属する量で、制御の目的となる量を制御量(controlled variable)という。制御量に作用する量を操作量(manipulated variable）あるいは制御入力（control input）という。状態フィードバックを行うとき、制御入力は状態変数の関数で表わされ、その法則（演算則）を制御則（control law）という。制御対象を制御する装置を制御装置（controller）といい、制御対象と制御装置を組合わせた系を制御系（controll system）という。系とは所定の目的を達成するために、要素を有機的に結合して構成した全体をいう。制御系から取り出される量を出力(output)、そして目標とする量を目標値(desired value)という。この目標値と制御量との差を制御偏差(control deviation)という。出力がその時刻における入力のみによって定まる系を静的システム（static system）といい、入力や内部状態にも依存する系を動的システム（dynamic system）という。入力を $u_1,\cdots,u_m$、出力を $y_1,\cdots,y_l$、内部状態を $x_1,\cdots,x_n$ で表したとき、静的システムは、

$$y_i=f_i(u_1,\cdots,u_m) \qquad i=1,\cdots,l \tag{1.2.1}$$

で表され、代数方程式となる。

動的システムは、出力が入力や内部状態の関数として

$$y_i=f_i(x_1,\cdots,x_n,u_1,\cdots,u_m) \qquad i=1,\cdots,l \tag{1.2.2}$$

で表され、連続時間系では偏微分方程式、常微分方程式、離散時間系では差分方程式となる。

パラメータ（定数）が分布している系を分布定数系（distributed parameter

system）といい、偏微分方程式（partial differential equation）で表される。そして、パラメータが有限の箇所に集中して表される系を集中定数系（lumped parameter system）といい、常微分方程式（ordinary differential equation）で表される。

独立変数を t 、従属変数ベクトルを $\boldsymbol{x}$ と $\boldsymbol{u}$ としたとき

$$\boldsymbol{g}(t,\boldsymbol{u},\boldsymbol{x},\dot{\boldsymbol{x}},\cdots)=\boldsymbol{0} \qquad (1.\ 2.\ 3)$$

なるベクトル常微分方程式において、$\boldsymbol{g}$ が $\boldsymbol{u}$, $\boldsymbol{x}$, $\dot{\boldsymbol{x}}$, …の一次式で表されるものを線形（linear）そうでないものを非線形（nonlinear）といい、非線形では重ね合わせの原理が成立しない。

以下、本書では、行列を大文字の太字、ベクトルを小文字の太字、スカラーを細字で表わす。

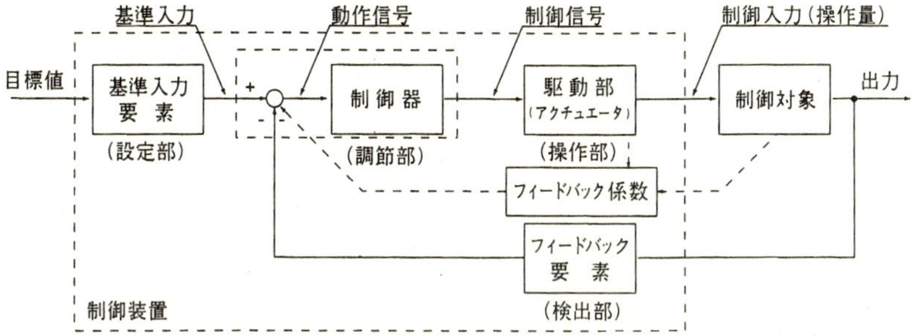

図１．１　フィードバック制御系

第２章　状態方程式の解法

ラプラス変換法による状態方程式の解法について述べる。特に、ラプラス変換・逆変換公式の導出を重点的に述べる。

２．１　固有値と固有ベクトル

線形写像$\boldsymbol{\Phi}$によって方向が変わらないベクトルを $\boldsymbol{x}\in\boldsymbol{R}^n$とし

$$\boldsymbol{\Phi}(\boldsymbol{x})=\lambda\boldsymbol{x} \qquad (2.1.1)$$

で表す。ここで$\boldsymbol{\Phi}$の行列表示を$\boldsymbol{A}$(正方行列)とすると（２．１．１）式は

$$\boldsymbol{A}\boldsymbol{x}=\lambda\boldsymbol{x} \qquad (2.1.2)$$

または

$$[\lambda\boldsymbol{I}-\boldsymbol{A}]\boldsymbol{x}=\boldsymbol{0} \qquad (2.1.3)$$

と表せる。（２．１．３）式が $\boldsymbol{x}\neq\boldsymbol{0}$ なる解をもつための必要十分条件は

$$|\lambda\boldsymbol{I}-\boldsymbol{A}|=0 \qquad (2.1.4)$$

が成立することである。上式の λ を s に書き換えると

$$|s\boldsymbol{I}-\boldsymbol{A}|=s^n+a_{n-1}s^{n-1}+\cdots+a_1s+a_0=0 \qquad (2.1.5)$$

となり、これを特性方程式(characteristic equation)または固有方程式(secular equation) という。上式を満たす n 個の根 $\{\lambda_1,\lambda_2,\cdots,\lambda_n\}$ を固有値 (eigenvalue) または特性根 (characteristic root) という。特に、後述する（３．３．６）式における $|s\boldsymbol{I}-\boldsymbol{A}|=0$ を満たす根を系（３．３．１）の極 (pole) という。

そして

$$|sI-A|=s^n+a_{n-1}s^{n-1}+\cdots+a_1s+a_0 \qquad (2.\ 1.\ 6)$$

なるn次の多項式を特性多項式（characteristic polynomial）という。

（２．１．２）式でλをλ_iとおいて

$$\boldsymbol{A}\boldsymbol{x}_i=\lambda_i\boldsymbol{x}_i \quad (i=1,2,\cdots,n) \qquad (2.\ 1.\ 7)$$

を満たす$n\times 1$次元ベクトル$\boldsymbol{x}_i(i=1,\cdot,\cdots,n)$を固有値$\lambda_i$に対する$\boldsymbol{A}$の固有ベクトル（eigenvector）、これらの固有ベクトルで張られる空間を固有部分空間（eigenspace）という。

２．２　ラプラス変換・逆変換

２．２．１　フーリエ変換・逆変換

基本角周波数をω_1、周期をT、任意の高調波の角周波数を$\omega=n\omega_1$、とすると、フーリエ級数は

$$f(t)=\sum_{n=0}^{\infty}(a_n cos\ n\omega_1 t+b_n sin\ n\omega_1 t) \qquad (2.\ 2.\ 1)$$

$$a_0=\frac{1}{T}\int_{-\frac{T}{2}}^{\frac{T}{2}}f(t)dt \qquad (2.\ 2.\ 2)$$

$$a_n=\frac{2}{T}\int_{-\frac{T}{2}}^{\frac{T}{2}}f(t)cos\ n\omega_1 t\ dt \qquad (2.\ 2.\ 3)$$

$$b_n=\frac{2}{T}\int_{-\frac{T}{2}}^{\frac{T}{2}}f(t)sin\ n\omega_1 t\ dt \qquad (2.\ 2.\ 4)$$

で表される。上式をオイラーの公式を用いて指数関数で表わすと

$$f(t)=\sum_{n=0}^{\infty}\frac{1}{2}[(a_n-jb_n)e^{jn\omega_1 t}+(a_n+jb_n)e^{-jn\omega_1 t}] \qquad (2.\ 2.\ 5)$$

となり、

$$a_n \pm jb_n = \frac{K}{T}\int_{-\frac{T}{2}}^{\frac{T}{2}} f(t)e^{\pm jn\omega_1 t}dt, \quad K=\begin{cases}1 & (n=0)\\ 2 & (n\neq 0)\end{cases} \qquad (2.2.6)$$

であるから、（2．2．5）、（2．2．6）式より

$$f(t)=\sum_{n=0}^{\infty}\frac{K}{2T}\left[\left\{\int_{-\frac{T}{2}}^{\frac{T}{2}} f(t)e^{-jn\omega_1 t}dt\right\}e^{jn\omega_1 t}+\left\{\int_{-\frac{T}{2}}^{\frac{T}{2}} f(t)e^{jn\omega_1 t}dt\right\}e^{-jn\omega_1 t}\right]$$

$$=\sum_{n=-\infty}^{\infty}\frac{1}{T}\left\{\int_{-\frac{T}{2}}^{\frac{T}{2}} f(t)e^{-jn\omega_1 t}dt\right\}e^{jn\omega_1 t} \qquad (2.2.7)$$

が得られる。ここで

$$F(j\omega)=\int_{-\frac{T}{2}}^{\frac{T}{2}} f(t)e^{-j\omega t}dt \qquad (2.2.8)$$

とおくと

$$f(t)=\frac{1}{T}\sum_{n=-\infty}^{\infty}F(j\omega)e^{j\omega t}=\frac{1}{2\pi}\sum_{n=-\infty}^{\infty}F(j\omega)e^{j\omega t}\frac{\omega}{n} \qquad (2.2.9)$$

となる。（2．2．8）式を周期関数 $f(t)$ のフーリエ変換といい、$F(j\omega)$ を周波数スペクトルという。また、（2．2．9）式をフーリエ逆変換と呼ぶ。

2．1．2　複素フーリエ積分とラプラス変換

$f(t)$ が非周期関数の場合を考える。非周期関数は、基本波の周期 T が無限大に近い関数と考えられるから、基本波の周波数 ω_1 を非常に小さい値 $\Delta\omega$ と考えて、

$$\omega=n\Delta\omega,\ T=2\pi/\Delta\omega \qquad (2.2.10)$$

とおくと、（2．2．8）、（2．2．9）式はそれぞれ

$$F(j\omega)=\int_{-\frac{\pi}{\Delta\omega}}^{\frac{\pi}{\Delta\omega}} f(t)e^{-j\omega t}dt \qquad (2.2.11)$$

$$f(t)=\frac{1}{2\pi}\sum_{\omega=-\infty}^{\infty}F(j\omega)e^{j\omega t}\Delta\omega \qquad (2.2.12)$$

と書き改められ

$$\lim_{\Delta\omega\to 0} F(j\omega)=\int_{-\infty}^{\infty} f(t)e^{-j\omega t}dt \qquad (2.\ 2.\ 13)$$

$$\lim_{\Delta t\to 0} f(t)=\lim_{\Delta\omega\to 0}\frac{1}{2\pi}\sum_{n=-\infty}^{\infty} F(jn\Delta\omega)e^{jn\Delta\omega t}\Delta\omega=\frac{1}{2\pi}\int_{-\infty}^{\infty} F(j\omega)e^{j\omega t}d\omega \qquad (2.\ 2.\ 14)$$

となるから

$$F(j\omega)=\int_{-\infty}^{\infty} f(t)e^{-j\omega t}dt \qquad (2.\ 2.\ 15)$$

$$f(t)=\frac{1}{2\pi}\int_{-\infty}^{\infty} F(j\omega)e^{j\omega t}d\omega \qquad (2.\ 2.\ 16)$$

と書いて、(２．２．15) 式をフーリエ積分、(２．２．16) 式をフーリエ逆積分という。

(２．２．15) 式の $j\omega$ を $c+j\omega$ とおくと

$$F(c+j\omega)=\int_{-\infty}^{\infty} f(t)e^{-(c+j\omega)t}dt \qquad (2.\ 2.\ 17)$$

(２．２．16) 式より

$$f(t)=\frac{1}{2\pi}\int_{-\infty}^{\infty} F(c+j\omega)e^{(c+j\omega)t}d\omega \qquad (2.\ 2.\ 18)$$

となる。ここで、$s=c+j\omega$ とおくと(２．２．17)、(２．２．18)式は

$$f(t)=\frac{1}{2\pi j}\int_{c-j\infty}^{c+j\infty} F(s)e^{st}ds \qquad (2.\ 2.\ 19)$$

$$F(s)=\int_{-\infty}^{\infty} f(t)e^{-st}dt \qquad (2.\ 2.\ 20)$$

で表され、ラプラス変換式(２．２．20)とラプラス逆変換式(２．２．19)が得られる。図２．１で、L_1 と L_2 よりなる閉ループを L で表すと

$$\int_{L} F(s)e^{st}ds=\int_{L_1} F(s)e^{st}ds+\int_{L_2} F(s)e^{st}ds \qquad (2.\ 2.\ 21)$$

が成立する。いま、$\lim_{R\to\infty}|F(Re^{j\theta})|=0$ ならばJordanの補助定理より、(2．2．21) 式の右辺第2項は零となるから

$$\oint F(s)e^{st}ds=\int_{c-j\infty}^{c+j\infty}F(s)e^{st}ds \qquad (2.\ 2.\ 22)$$

となり、(2．2．19) 式は次式で表わされる。

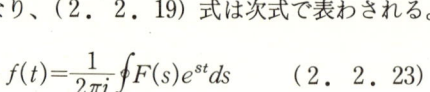

$$f(t)=\frac{1}{2\pi j}\oint F(s)e^{st}ds \qquad (2.\ 2.\ 23)$$

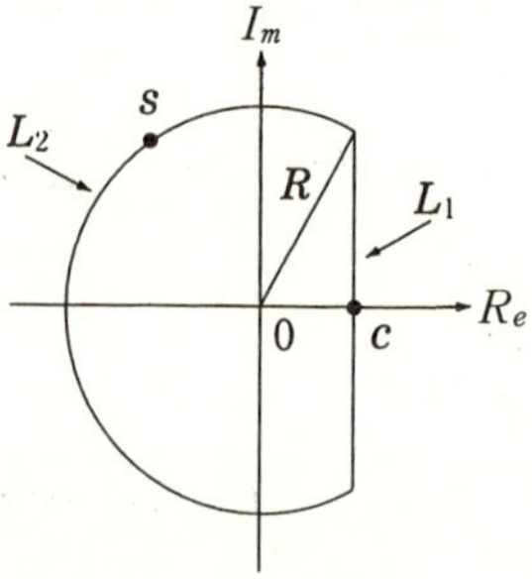

図2．1 閉積分路

この解はCauchyの積分公式またはGoursatの公式を使って、特異点での$F(s)e^{st}$の留数より求まる。すなわち、特異点を $\{\lambda_1,\cdots,\lambda_n\}$ とし、点 $s=\lambda_i(i=1,\cdots,n)$ における $F(s)e^{st}$ の留数を $Res(\lambda_i)$ で表すと

$$f(t)=\sum_{i=1}^{n}F(s)e^{st}(s-\lambda_i)|_{s=\lambda_i}=\sum_{i=1}^{n}\mathrm{R}es(\lambda_i) \qquad (2.\ 2.\ 24)$$

で求められる。

例として、次の有理多項式

$$F(s)=\frac{b_ms^m+b_{m-1}s^{m-1}+\cdots+b_1s+b_0}{a_ns^n+a_{n-1}s^{n-1}+\cdots+a_1s+a_0} \qquad (n>m) \qquad (2.\ 2.\ 25)$$

のラプラス逆変換を求めるものとする。(2．2．25)式の分母を因数分解して

$$a_ns^n+a_{n-1}s^{n-1}+\cdots+a_1s+a_0=(s-\lambda_1)(s-\lambda_2)\cdots(s-\lambda_n) \qquad (2.\ 2.\ 26)$$

となるとき、(2．2．25) 式は

$$F(s)=\frac{b_ms^m+b_{m-1}s^{m-1}+\cdots+b_1s+b_0}{(s-\lambda_1)(s-\lambda_2)\cdots(s-\lambda_n)} \qquad (2.\ 2.\ 27)$$

と書き改められる。これを部分分数に分解して

$$F(s)=\frac{K_1}{s-\lambda_1}+\frac{K_2}{s-\lambda_2}+\cdots+\frac{K_n}{s-\lambda_n} \qquad (2.\ 2.\ 28)$$

と表わすと、$K_i(i=1,\cdots,n)$ はHeavisideの展開定理より

$$K_i = F(s)(s-\lambda_i)|_{s=\lambda_i} = \frac{b_m s^m + b_{m-1}s^{m-1} + \cdots + b_1 s + b_0}{(s-\lambda_1)\cdots(s-\lambda_{i-1})(s-\lambda_{i+1})\cdots(s-\lambda_n)}|_{s=\lambda_i}$$
（２．２．29）

で得られる。これは（２．２．28）式の両辺に $(s-\lambda_i)$ を掛けると

$$F(s)(s-\lambda_i) = K_i + \left(\frac{K_1}{s-\lambda_1} + \cdots + \frac{K_{i-1}}{s-\lambda_{i-1}} + \frac{K_{i-1}}{s-\lambda_{i+1}} + \cdots + \frac{K_n}{s-\lambda_n}\right)(s-\lambda_i)$$
（２．２．30）

となり、$s=\lambda_i$ とおくことによって

$$K_i = F(s)(s-\lambda_i)|_{s=\lambda_i} \qquad （２．２．31）$$

として求まるからである。これより

$$F(s)e^{st} = \frac{K_1}{s-\lambda_1}e^{st} + \frac{K_2}{s-\lambda_2}e^{st} + \cdots + \frac{K_n}{s-\lambda_n}e^{st} \qquad （２．２．32）$$

となり、$\lim_{R\to\infty}|F(Re^{j\theta})|=0$ を満足する場合は（（２．２．25）式はこの条件を満足している。）

$$f(t) = \frac{1}{2\pi j}\int_{c-j\infty}^{c+j\infty} F(s)e^{st}ds = \frac{1}{2\pi j}\oint F(s)e^{st}ds$$

$$= \frac{1}{2\pi j}\oint\left(\frac{K_1}{s-\lambda_1}e^{st} + \frac{K_2}{s-\lambda_2}e^{st} + \cdots + \frac{K_n}{s-\lambda_n}e^{st}\right)ds$$

$$= \frac{1}{2\pi j}\sum_{i=1}^{n}\oint\frac{K_i}{s-\lambda_i}e^{st}ds = \sum_{i=1}^{n}Res(\lambda_i) = \sum_{i=1}^{n}K_i e^{\lambda_i t} \qquad （２．２．33）$$

となる。

以上は、（２．２．26）式を零とおいた全ての根が相異なる場合であるが、重根を含む場合、すなわち（２．２．27）式が

$$F(s) = \frac{b_m s^m + b_{m-1}s^{m-1} + \cdots + b_1 s + b_0}{(s-\lambda_1)^r(s-\lambda_{r+1})(s-\lambda_{r+2})\cdots(s-\lambda_n)} \qquad （２．２．34）$$

で表わされる場合、これを部分分数に分解すると

$$F(s)=\frac{a_1}{s-\lambda_1}+\frac{a_2}{(s-\lambda_1)^2}+\cdots+\frac{a_r}{(s-\lambda_1)^r}+\frac{K_{r+1}}{s-\lambda_{r+1}}+\cdots+\frac{K_n}{s-\lambda_n} \tag{2. 2. 35}$$

$$a_i=\frac{1}{(r-i)!}\cdot\frac{d^{(r-i)}}{ds^{(r-i)}}F(s)(s-\lambda_1)^r|_{s=\lambda_i}\quad(i=1,\cdots,r) \tag{2. 2. 36}$$

$$K_j=F(s)(s-\lambda_j)|_{s=\lambda_j}\qquad(j=r+1,\cdots,n) \tag{2. 2. 37}$$

となり

$$f(t)=\frac{1}{2\pi j}\oint\left(\frac{a_1}{s-\lambda_1}e^{st}+\frac{a_2}{(s-\lambda_1)^2}e^{st}+\cdots+\frac{a_r}{(s-\lambda_1)^r}e^{st}+\frac{K_{r+1}}{s-\lambda_{r+1}}e^{st}+\cdots+\frac{K_n}{s-\lambda_n}e^{st}\right)ds$$

$$=a_1e^{\lambda_1 t}+a_2\frac{t}{1!}e^{\lambda_1 t}+\cdots+a_r\frac{t^{r-1}}{(r-1)!}e^{\lambda_1 t}+K_{r+1}e^{\lambda_{r+1}t}+K_{r+2}e^{\lambda_{r+2}t}+\cdots+K_ne^{\lambda_n t} \tag{2. 2. 38}$$

となる。

2．2．3　ラプラス変換公式

ラプラス変換公式を挙げておく

(1)　相似定理

$\mathcal{L}\{f(t)\}=F(s)$ ならば $\mathcal{L}\{f(at)\}=\frac{1}{a}F(\frac{s}{a})$　$(a>0)$である。

［証明］

$$\mathcal{L}\{f(at)\}=\int_0^\infty e^{-st}f(at)dt \tag{2. 2. 39}$$

$t=\xi/a$ とおくと

$$\frac{1}{a}\int_0^\infty e^{-\frac{s}{a}\xi}f(\xi)d\xi=\frac{1}{a}F(\frac{s}{a}) \tag{2. 2. 40}$$

となる。

$$|f(t)|<Me^{\alpha t} \qquad (2.\ 2.\ 41)$$

を満たす定数M、αが存在するとして（$f(t)$ は指数α位の関数という）

$$\left|\int_0^\infty e^{-\frac{s}{a}\xi}f(\xi)d\xi\right| \leqq \int_0^\infty\left|e^{-\frac{s}{a}\xi}\right|\left|f(\xi)\right|d\xi \leqq \int_0^\infty\left|e^{-\frac{s}{a}\xi}\right|\cdot Me^{\alpha\xi}d\xi$$

$$=\int_0^\infty e^{-Re(\frac{S}{a})\xi}\cdot Me^{\alpha\xi}d\xi = M\int_0^\infty e^{-\{Re(\frac{S}{a})-\alpha\}\xi}\cdot d\xi \qquad (2.\ 2.\ 42)$$

これより、上記関数は$Re(\frac{S}{a})-\alpha>0$ のとき、$\xi\to\infty$ で 0 に収束するから、有界となる。

$a>0$ であるから

$$Re(s)-a\alpha>0 \qquad (2.\ 2.\ 43)$$

すなわち

$$Re(s)>a\alpha \qquad (2.\ 2.\ 44)$$

を満たす領域で、上記ラプラス変換が成立する。

⑵　像関数の移動定理

$$\mathcal{L}\{e^{at}f(t)\}=F(s-a)$$

［証明］

$$\mathcal{L}\{e^{at}f(t)\}=\int_0^\infty e^{-st}e^{at}f(t)dt=\int_0^\infty e^{-(s-a)t}f(t)dt=F(s-a) \qquad (2.\ 2.\ 45)$$

$$|f(t)|<Me^{\alpha t} \qquad (M,\alpha \text{ は定数}) \qquad (2.\ 2.\ 46)$$

として

$$\left|\int_0^\infty e^{-(s-a)t}f(t)dt\right| \leqq \int_0^\infty|e^{-(s-a)t}||f(t)|dt \leqq \int_0^\infty|e^{-(s-a)t}|\cdot Me^{\alpha t}dt$$

$$=M\int_0^\infty e^{-Re(s-a)t}e^{\alpha t}dt=M\int_0^\infty e^{-\{Re(s-a)-\alpha\}t}dt \qquad (2.\ 2.\ 47)$$

となるから、上記ラプラス変換は

$$Re(s-a)>\alpha \qquad (2.\ 2.\ 48)$$

を満足する領域で成立する。

(3)　原関数の移動定理

$$\mathcal{L}\{f(t-a)\}=e^{-as}F(s) \qquad (a>0)$$

［証明］

$$\mathcal{L}\{f(t-a)\}=\int_0^\infty e^{-st}f(t-a)dt \qquad (2.\ 2.\ 49)$$

$t=a+\xi$とおくと

$$\int_{-a}^\infty e^{-s(a+\xi)}f(\xi)d\xi=e^{-as}\int_0^\infty e^{-s\xi}f(\xi)d\xi=e^{-as}F(s) \qquad (2.\ 2.\ 50)$$

$$|f(t)|<Me^{\alpha t} \qquad (2.\ 2.\ 51)$$

として

$$\left|\int_0^\infty e^{-s(a+\xi)}f(\xi)d\xi\right|\leqq\int_0^\infty|e^{-s(a+\xi)}||f(\xi)|d\xi\leqq\int_0^\infty|e^{-s(a+\xi)}|\cdot Me^{\alpha\xi}d\xi$$

$$=M\int_0^\infty e^{-\{Re(s(a+\xi))-\alpha\xi\}}d\xi=M\int_0^\infty e^{-Re(sa)}\cdot e^{-\{Re(s)-\alpha\}\xi}d\xi \qquad (2.\ 2.\ 52)$$

が得られる。これより

$$Re(s)\geq\alpha \qquad (2.\ 2.\ 53)$$

であれば十分条件となる。

(4)　初期値定理

$f(t)$ 及び $f'(t)$ がラプラス変換可能ならば、$f(t)$ の $t=0$ の近傍での挙動は

$sF(s)$ の $s=\infty$ の近傍での挙動と同じである。すなわち

$$\lim_{t\to 0} f(t)=\lim_{s\to\infty} sF(s)$$

である。

［証明］

$$\mathcal{L}\{f'(t)\}=\int_0^{\infty} e^{-st}f'(t)dt=\Big[e^{-st}f(t)\Big]_0^{\infty}+s\int_0^{\infty} e^{-st}f(t)dt=-f(0)+sF(s)$$

$$\lim_{s\to\infty}\int_0^{\infty} e^{-st}f'(t)dt=-f(0)+\lim_{s\to\infty} sF(s) \qquad (2.\ 2.\ 54)$$

上式の左辺は0となるから

$$0=-f(0)+\lim_{s\to\infty} sF(s) \qquad (2.\ 2.\ 55)$$

より

$$f(0)=\lim_{s\to\infty} sF(s) \qquad (2.\ 2.\ 56)$$

となる。

(5)　最終値の定理

$\lim_{t\to\infty} f(t)$ が存在し、$f'(t)$ がラプラス変換可能ならば、

$$\lim_{t\to\infty} f(t)=\lim_{s\to 0} sF(s)$$

となる。

［証明］

$$\int_0^{\infty} e^{-st}f'(t)dt=sF(s)-f(0) \qquad (2.\ 2.\ 57)$$

より

$$\lim_{s\to 0}\int_0^{\infty} e^{-st}f'(t)dt=\lim_{s\to 0} sF(s)-f(0) \qquad (2.\ 2.\ 58)$$

左辺は

$$\int_0^{\infty} f'(t)dt = \Big[f(t)\Big]_0^{\infty} = f(\infty) - f(0) \tag{2. 2. 59}$$

となるから、(2．2．58) 式は

$$f(\infty) - f(0) = \lim_{s \to 0} sF(s) - f(0) \tag{2. 2. 60}$$

と書替えられ

$$f(\infty) = \lim_{s \to 0} sF(s) \tag{2. 2. 61}$$

が得られる。

⑹ 微分公式

$f^{(i)}(t)$ $(i=0,1,\cdots,n-1)$ が $0<t<\infty$ で連続で、指数 α 位の関数とし、$f^{(n)}(t)$ が $0<t<\infty$ で区分的に連続ならば

$$\mathcal{L}\{f^{(n)}(t)\} = s^n \mathcal{L}\{f(t)\} - s^{n-1}f(0) - s^{n-2}f'(0) - \cdots - f^{(n-1)}(0)$$

$$(Re(s) > max(0,\alpha))$$

(2．2．62)

［証明］省略

⑺ 積分公式

$f(t)$ が指数 α 位の関数で、$0<t<\infty$ で区分的に連続ならば

$$\mathcal{L}\{\int \cdots \int f(t)(dt)^n\} = \frac{1}{s^n}\mathcal{L}\{f(t)\} + \frac{1}{s^n}f^{(-1)}(0) + \frac{1}{s^{n-1}}f^{(-2)}(0) + \cdots + \frac{1}{s}f^{(-n)}(0)$$

$$(Re(s) > max(0,\alpha))$$

(2．2．63)

ここで、$f^{(-n)}(t) = \int \cdots \int f(t)(dt)^n$ である。

［証明］省略

注1　$\lim_{t \to +0} f(t) = f(+0)$ として、上記 $f(0)$ は $f(+0)$ と書くべきであるが、式が煩雑になるのをさけるため＋記号を省略してある。

［例題 1］次の関数のラプラス変換をせよ。

(1)　t^2.　　(2)　e^{at}.　　(3)　$\sin\omega t$.

［解］

(1)　$Re\,s>0$ で

$$\int_0^\infty t^2 e^{-st}dt=\left[-\frac{t^2}{s}e^{-st}\right]_0^\infty+\int_0^\infty \frac{2t}{s}e^{-st}dt=\frac{2}{s}\int_0^\infty te^{-st}dt$$

$$=\frac{2}{s}\left\{\left[-\frac{t}{s}e^{-st}\right]_0^\infty+\int_0^\infty \frac{1}{s}e^{-st}dt\right\}=\frac{2}{s^2}\int_0^\infty e^{-st}dt=\frac{2}{s^2}\left[-\frac{1}{s}e^{-st}\right]_0^\infty$$

$$=\frac{2}{s^3}$$

［別解］

$$\int_0^\infty e^{-st}dt=\frac{1}{s}$$

であるから、両辺を s について 2 回微分すると

$$\int_0^\infty t^2 e^{-st}dt=\frac{2}{s^3}$$

となる。

(2)　$Re(s-a)>0$ で

$$\int_0^\infty e^{at}e^{-st}dt=\int_0^\infty e^{-(s-a)t}dt=\left[-\frac{e^{-(s-a)t}}{s-a}\right]_0^\infty=\frac{1}{s-a}$$

(3)　$Re\,s>0$

$$\int_0^\infty \sin\omega t\, e^{-st}dt=\left[-\sin\omega t\cdot\frac{e^{-st}}{s}\right]_0^\infty+\int_0^\infty \omega\cos\omega t\cdot\frac{e^{-st}}{s}dt$$

$$=\frac{\omega}{s}\int_0^\infty \cos\omega t\cdot e^{-st}dt$$

$$=\frac{\omega}{s}\left\{\left[-\cos\omega t\cdot\frac{e^{-st}}{s}\right]_0^\infty-\int_0^\infty \omega\sin\omega t\cdot\frac{e^{-st}}{s}dt\right\}$$

$$=\frac{\omega}{s^2}-\frac{\omega^2}{s^2}\int_0^\infty \sin\omega t\cdot e^{-st}dt$$

$$\left(1+\frac{\omega^2}{s^2}\right)\int_0^\infty \sin\omega t\, e^{-st}dt=\frac{\omega}{s^2}$$

$$\therefore \int_0^\infty \sin\omega t\, e^{-st}dt=\frac{\omega}{s^2+\omega^2}$$

[別解]

$$\int_0^\infty \sin\omega t\, e^{-st}dt=\int_0^\infty\left(\frac{e^{j\omega t}-e^{-j\omega t}}{2j}\right)e^{-st}dt$$

$$=\frac{1}{2j}\left\{\int_0^\infty e^{-(s-j\omega)t}dt-\int_0^\infty e^{-(s+j\omega)t}dt\right\}$$

$$=\frac{1}{2j}\left\{\left[-\frac{e^{-(s-j\omega)t}}{s-j\omega}\right]_0^\infty-\left[-\frac{e^{-(s+j\omega)t}}{s+j\omega}\right]_0^\infty\right\}$$

$$=\frac{1}{2j}\left\{\frac{1}{s-j\omega}-\frac{1}{s+j\omega}\right\}=\frac{1}{2j}\cdot\frac{2j\omega}{s^2+\omega^2}=\frac{\omega}{s^2+\omega^2}$$

2．2．4　ラプラス逆変換公式

(1)　Cauchy の積分公式

積分路が Jordan 閉曲線で、領域内に存在し、その内点 α で関数 $f(\alpha)$ が正則であるとき、次式が成立する。

$$f(\alpha)=\frac{1}{2\pi j}\oint\frac{f(s)}{s-\alpha}ds \qquad (2.\ 2.\ 64)$$

[証明]

$$s-\alpha=\gamma e^{j\theta}$$

とおくと

$$\oint\frac{f(s)}{s-\alpha}ds=\int_0^{2\pi}\frac{f(\alpha+\gamma e^{j\theta})}{\gamma e^{j\theta}}j\gamma e^{j\theta}d\theta=j\int_0^{2\pi}f(\alpha+\gamma e^{j\theta})d\theta$$

と書き改められる。ここで、内点 α を中心とした微小半径 γ の閉積分路を考えると、$\gamma \to +0$ となるから

$$\oint \frac{f(s)}{s-\alpha} ds = jf(\alpha)\int_0^{2\pi} d\theta = 2\pi jf(\alpha)$$

となり、(2．2．64) 式が成立することがわかる。

(2)　Goursatの公式

関数 $f(\alpha)$ が領域内で C^{∞} 関数でかつ正則であるとき、次式が成立する。

$$\frac{f^{(n)}(\alpha)}{n!} = \frac{1}{2\pi \mathrm{j}}\oint \frac{f(s)}{(s-\alpha)^{n+1}} ds \qquad (2．2．65)$$

[証明] これは Cauchy の積分公式を α について n 回微分することによって得られる。

(3)　その他の公式

$$\mathcal{L}^{-1}\left\{\frac{\xi}{s+\eta}\right\} = \xi e^{-\eta t} \qquad (2．2．66)$$

[証明]

$$\mathcal{L}^{-1}\left\{\frac{\xi}{s+\eta}\right\} = \frac{1}{2\pi j}\int_{c-\mathrm{j}\infty}^{c+j\infty} \frac{\xi}{s+\eta} e^{st} dt$$
$$= \frac{1}{2\pi j}\oint \frac{\xi}{s+\eta} e^{st} dt = \frac{1}{2\pi j}\oint \frac{\xi}{s-(-\eta)} e^{st} dt$$

となるから、公式(1)を用いて αを$-\eta$、$f(s)$ を ξe^{st} とおくと、解

$$f(-\eta) = \xi e^{-\eta t}$$

が得られる。

［例題２］次の関数の逆ラプラス変換をせよ。

(1) $\mathcal{L}^{-1}\left\{\frac{1}{s+a}\right\}$． (2) $\mathcal{L}^{-1}\left\{\frac{1}{(s+a)^2}\right\}$． (3) $\mathcal{L}^{-1}\left\{\frac{s+2}{(s-1)^2 s^3}\right\}$

(4) $\mathcal{L}^{-1}\left\{\frac{s}{s^2+1}\right\}$．

［解］

(1) 公式(3)より

$$\mathcal{L}^{-1}\left\{\frac{1}{s+a}\right\}=e^{-at}$$

(2) 公式(2)より

$$\mathcal{L}^{-1}\left\{\frac{1}{(s+a)^2}\right\}=te^{-at}$$

(3) $\frac{s+2}{(s-1)^2 s^3}=\frac{3}{(s-1)^2}-\frac{8}{s-1}+\frac{2}{s^3}+\frac{5}{s^2}+\frac{8}{s}$

と部分分数に展開できるから

$$\begin{aligned}\mathcal{L}^{-1}\left\{\frac{s+2}{(s-1)^2 s^3}\right\}&=3\mathcal{L}^{-1}\left\{\frac{1}{(s-1)^2}\right\}-8\mathcal{L}^{-1}\left\{\frac{1}{s-1}\right\}+2\mathcal{L}^{-1}\left\{\frac{1}{s^3}\right\}+5\mathcal{L}^{-1}\left\{\frac{1}{s^2}\right\}\\&\quad+8\mathcal{L}^{-1}\left\{\frac{1}{s}\right\}\\&=3te^t-8e^t+t^2+5t+8\end{aligned}$$

(4) $\frac{s}{s^2+1}=\frac{1}{2}\left(\frac{1}{s-j}+\frac{1}{s+j}\right)$

と部分分数に展開できるから

$$\begin{aligned}\mathcal{L}^{-1}\left\{\frac{s}{s^2+1}\right\}&=\frac{1}{2}\left(\mathcal{L}^{-1}\left\{\frac{1}{s-j}\right\}+\mathcal{L}^{-1}\left\{\frac{1}{s+j}\right\}\right)\\&=\frac{1}{2}(e^{jt}+e^{-jt})=\cos t\end{aligned}$$

2．3　状態方程式の解法

2．3．1　ラプラス変換法

解が連続関数である状態方程式

$$\frac{d\boldsymbol{x}(t)}{dt}=\boldsymbol{A}\boldsymbol{x}(t)+\boldsymbol{B}\boldsymbol{u}(t) \tag{2．3．1}$$

について考える。

上式をラプラス変換すると、$\mathcal{L}\{\boldsymbol{x}(t)\}=\boldsymbol{X}(s)$, $\mathcal{L}\{\boldsymbol{u}(t)\}=\boldsymbol{U}(s)$ とおいて

$$s\boldsymbol{X}(s)-\boldsymbol{x}(0)=\boldsymbol{A}\boldsymbol{X}(s)+\boldsymbol{B}\boldsymbol{U}(s) \tag{2．3．2}$$

$$[s\boldsymbol{I}-\boldsymbol{A}]\boldsymbol{X}(s)=\boldsymbol{x}(0)+\boldsymbol{B}\boldsymbol{U}(s)$$

$$\boldsymbol{X}(s)=[s\boldsymbol{I}-\boldsymbol{A}]^{-1}\boldsymbol{x}(0)+[s\boldsymbol{I}-\boldsymbol{A}]^{-1}\boldsymbol{B}\boldsymbol{U}(s) \tag{2．3．3}$$

となる。これを時間領域に戻すと

$$\boldsymbol{x}(t)=\mathcal{L}^{-1}\{[s\boldsymbol{I}-\boldsymbol{A}]^{-1}\}\boldsymbol{x}(0)+\mathcal{L}^{-1}\{[s\boldsymbol{I}-\boldsymbol{A}]^{-1}\boldsymbol{B}\boldsymbol{U}(s)\} \tag{2．3．4}$$

上式の右辺第１項は

$$\mathcal{L}^{-1}\{[s\boldsymbol{I}-\boldsymbol{A}]^{-1}\}\boldsymbol{x}(0)=exp(\boldsymbol{A}t)\boldsymbol{x}(0) \tag{2．3．5}$$

となる（付録A参照）。

第２項は、$[s\boldsymbol{I}-\boldsymbol{A}]^{-1}=\boldsymbol{G}(s)$, $\boldsymbol{B}\boldsymbol{U}(s)=\boldsymbol{W}(s)$ とおいて

$$\mathcal{L}^{-1}\{[s\boldsymbol{I}-\boldsymbol{A}]^{-1}\boldsymbol{B}\boldsymbol{U}(s)\}=\mathcal{L}^{-1}\{\boldsymbol{G}(s)\boldsymbol{W}(s)\} \tag{2．3．6}$$

$\boldsymbol{G}(s)$, $\boldsymbol{W}(s)$ の原関数を $\boldsymbol{g}(t)$、$\boldsymbol{w}(t)$ として

$$\boldsymbol{G}(s)\boldsymbol{W}(s)=\int_0^\infty \boldsymbol{g}(\eta)e^{-s\eta}d\eta\int_0^\infty \boldsymbol{w}(\xi)e^{-s\xi}d\xi$$

$$=\int_0^\infty\int_0^\infty \boldsymbol{g}(\eta)\boldsymbol{w}(\xi)e^{-s(\eta+\xi)}d\eta d\xi \tag{2．3．7}$$

となる。つぎに変数変換[21]

$$t=\eta+\xi>0,\ \tau=\xi>0$$

を行うと、Jacobian ($J=\partial(\eta,\xi)/\partial(t,\tau)$) は1であるから（2．3．7）式は

$$\boldsymbol{G}(s)\boldsymbol{W}(s)=\int_0^\infty\int_0^t \boldsymbol{g}(t-\tau)\boldsymbol{w}(\tau)e^{-st}d\tau dt$$
$$=\int_0^\infty\left\{\int_0^t \boldsymbol{g}(t-\tau)\boldsymbol{w}(\tau)d\tau\right\}e^{-st}dt=\mathcal{L}\left\{\int_0^t \boldsymbol{g}(t-\tau)\boldsymbol{w}(\tau)d\tau\right\} \quad (2.3.8)$$

と書き改められ

$$\mathcal{L}^{-1}\{\boldsymbol{G}(s)\boldsymbol{W}(s)\}=\int_0^t \boldsymbol{g}(t-\tau)\boldsymbol{w}(\tau)d\tau \quad (2.3.9)$$

（2．3．6)，（2．3．9）式より、（2．3．5）式を考慮に入れて

$$\mathcal{L}^{-1}\{[s\boldsymbol{I}-\boldsymbol{A}]^{-1}\boldsymbol{B}\boldsymbol{U}(s)\}=\int_0^t exp(\boldsymbol{A}(t-\tau))\boldsymbol{B}\boldsymbol{u}(\tau)d\tau \quad (2.3.10)$$

を得る。

（2．3．4)、（2．3．5）そして（2．3．9）式より

$$\boldsymbol{x}(t)=exp(\boldsymbol{A}t)\boldsymbol{x}(0)+\int_0^t exp(\boldsymbol{A}(t-\tau))\boldsymbol{B}\boldsymbol{u}(\tau)d\tau \quad (2.3.11)$$

が求まる。

2．3．2 Lagrangeの定数変化法

ベクトル微分方程式（2．3．1）の解を

$$\boldsymbol{x}(t)=exp(\boldsymbol{A}t)\boldsymbol{K}(t) \quad (2.3.12)$$

とおいて、（2．3．1）式に代入すると

$$\boldsymbol{A}exp(\boldsymbol{A}t)\boldsymbol{K}(t)+exp(\boldsymbol{A}t)\dot{\boldsymbol{K}}(t)=\boldsymbol{A}exp(\boldsymbol{A}t)\boldsymbol{K}(t)+\boldsymbol{B}\boldsymbol{u}(t)$$
$$exp(\boldsymbol{A}t)\dot{\boldsymbol{K}}(t)=\boldsymbol{B}\boldsymbol{u}(t)$$
$$\dot{\boldsymbol{K}}(t)=exp(-\boldsymbol{A}t)\boldsymbol{B}\boldsymbol{u}(t) \quad (2.3.13)$$

を得る。両辺を積分して、一般解は

$$\boldsymbol{K}(t)=\int_0^t exp(-\boldsymbol{A}\tau)\boldsymbol{B}\boldsymbol{u}(\tau)d\tau+\boldsymbol{C} \quad (2.3.14)$$

（2．3．12）と（2．3．14）式より

$$\boldsymbol{x}(t)=exp(\boldsymbol{A}t)\left\{\int_0^t exp(-\boldsymbol{A}\tau)\boldsymbol{Bu}(\tau)d\tau+\boldsymbol{C}\right\}$$

$$=exp(\boldsymbol{A}t)\boldsymbol{C}+\int_0^t exp(\boldsymbol{A}(t-\tau))\boldsymbol{Bu}(\tau)d\tau \qquad (2.\ 3.\ 15)$$

初期状態を $\boldsymbol{x}(0)$ とすると、（2．3．15）式より

$$\boldsymbol{x}(0)=\boldsymbol{C} \qquad (2.\ 3.\ 16)$$

となるから、（2．3．15）式は

$$\boldsymbol{x}(t)=exp(\boldsymbol{A}t)\boldsymbol{x}(0)+\int_0^t exp(\boldsymbol{A}(t-\tau))\boldsymbol{Bu}(\tau)d\tau \qquad (2.\ 3.\ 17)$$

となる。

2．4　推移行列

$e^{A(t-t_0)}$ を $\boldsymbol{\Phi}(t,t_0)$ と書いて推移行列（transition matrix, fundamental matrix）という。その意味は、推移行列が $\boldsymbol{\Phi}(t,t_0)=\boldsymbol{\Phi}(t,t_1)\boldsymbol{\Phi}(t_1,t_0)$ なる性質をもち、$\boldsymbol{\Phi}(t,t_0)\boldsymbol{x}(t_0)$ は状態の推移を表すことから分かる。線形常微分方程式の解はすでに求めたように推移行列を用いて導くことができる。従って、e^{At} の具体的な解を求めることが重要になる。以下、e^{At} を $exp(\boldsymbol{A}t)$ で表す。

$exp(\boldsymbol{A}t)$ をMaclaurin展開して

$$exp(\boldsymbol{A}t)=\boldsymbol{I}+\boldsymbol{A}t+\frac{1}{2!}(\boldsymbol{A}t)^2+\cdots \qquad (2.\ 4.\ 1)$$

となるが、これでは近似計算しかできない。しかし、次の算法を使えば計算できる。以下の計算で

$$\boldsymbol{A}=\begin{bmatrix}-1 & -2\\ 3 & 4\end{bmatrix} \qquad (2.\ 4.\ 2)$$

とする。

2．4．1　ラプラス逆変換による解法

$$exp(\boldsymbol{A}t)=\mathcal{L}^{-1}\{[s\boldsymbol{I}-\boldsymbol{A}]^{-1}\}$$

$$=\mathcal{L}^{-1}\left\{\left[\begin{pmatrix} s & 0 \\ 0 & s \end{pmatrix}-\begin{pmatrix} -1 & -2 \\ 3 & 4 \end{pmatrix}\right]^{-1}\right\}=\mathcal{L}^{-1}\left\{\begin{bmatrix} s+1 & 2 \\ -3 & s-4 \end{bmatrix}^{-1}\right\}$$

$$=\mathcal{L}^{-1}\left\{\frac{1}{(s-1)(s-2)}\begin{bmatrix} s-4 & -2 \\ 3 & s+1 \end{bmatrix}\right\}$$

$$=\mathcal{L}^{-1}\left\{\begin{bmatrix} \dfrac{s-4}{(s-1)(s-2)} & \dfrac{-2}{(s-1)(s-2)} \\ \dfrac{3}{(s-1)(s-2)} & \dfrac{s+1}{(s-1)(s-2)} \end{bmatrix}\right\}$$

$$=\mathcal{L}^{-1}\left\{\begin{bmatrix} \dfrac{s}{(s-1)(s-2)}-\dfrac{4}{(s-1)(s-2)} & \dfrac{-2}{(s-1)(s-2)} \\ \dfrac{3}{(s-1)(s-2)} & \dfrac{s}{(s-1)(s-2)}+\dfrac{1}{(s-1)(s-2)} \end{bmatrix}\right\}$$

$$=\begin{bmatrix} \left(\mathcal{L}^{-1}\left\{\dfrac{s}{(s-1)(s-2)}\right\}-4\mathcal{L}^{-1}\left\{\dfrac{1}{(s-1)(s-2)}\right\}\right) & -2\mathcal{L}^{-1}\left\{\dfrac{1}{(s-1)(s-2)}\right\} \\ 3\mathcal{L}^{-1}\left\{\dfrac{1}{(s-1)(s-2)}\right\} & \left(\mathcal{L}^{-1}\left\{\dfrac{s}{(s-1)(s-2)}\right\}+\mathcal{L}^{-1}\left\{\dfrac{1}{(s-1)(s-2)}\right\}\right) \end{bmatrix}$$

$$=\begin{bmatrix} (\{2e^{2t}-e^{t}\}-4\{e^{2t}-e^{t}\}) & -2(e^{2t}-e^{t}) \\ 3(e^{2t}-e^{t}) & (\{2e^{2t}-e^{t}\}+\{e^{2t}-e^{t}\}) \end{bmatrix}$$

$$=\begin{bmatrix} (-2e^{2t}+3e^{t}) & -2(e^{2t}-e^{t}) \\ 3(e^{2t}-e^{t}) & (3e^{2t}-2e^{t}) \end{bmatrix} \qquad (2.4.3)$$

2．4．2　Sylvesterの展開定理による解法[19]

$$f(\boldsymbol{A})=\sum_{i=1}^{n} f(\lambda_i)\prod_{\substack{j=1 \\ j\neq i}}^{n}\left[\frac{\boldsymbol{A}-\lambda_j\boldsymbol{I}}{\lambda_i-\lambda_j}\right] \qquad (2.4.4)$$

ここで、$\lambda_i(i=1,2,\cdots,n)$ は行列$\boldsymbol{A}$の n 個の相異なる固有値である。

$$|s\boldsymbol{I}-\boldsymbol{A}|=\left|\begin{pmatrix} s & 0 \\ 0 & s \end{pmatrix}-\begin{pmatrix} -1 & -2 \\ 3 & 4 \end{pmatrix}\right|$$

$$=\begin{vmatrix} s+1 & 2 \\ -3 & s-4 \end{vmatrix}=s^2-3s+2=(s-1)(s-2)=0 \qquad (2.4.5)$$

$$\lambda_1=1, \quad \lambda_2=2 \qquad (2.4.6)$$

となるから、$f(\boldsymbol{A})=exp(\boldsymbol{A}t)$ を

$$f(\boldsymbol{A})=f(\lambda_1)\frac{\boldsymbol{A}-\lambda_2\boldsymbol{I}}{\lambda_1-\lambda_2}+f(\lambda_2)\frac{\boldsymbol{A}-\lambda_1\boldsymbol{I}}{\lambda_2-\lambda_1} \qquad (2.4.7)$$

に代入すると

$$exp(\boldsymbol{A}t)=e^{\lambda_1 t}\left(\frac{\boldsymbol{A}-\lambda_2\boldsymbol{I}}{\lambda_1-\lambda_2}\right)+e^{\lambda_2 t}\left(\frac{\boldsymbol{A}-\lambda_1\boldsymbol{I}}{\lambda_2-\lambda_1}\right)$$

$$=-e^t\left[\begin{pmatrix} -1 & -2 \\ 3 & 4 \end{pmatrix}-2\begin{pmatrix} 1 & 0 \\ 0 & 1 \end{pmatrix}\right]+e^{2t}\left[\begin{pmatrix} -1 & -2 \\ 3 & 4 \end{pmatrix}-\begin{pmatrix} 1 & 0 \\ 0 & 1 \end{pmatrix}\right]$$

$$=-e^t\begin{bmatrix} -3 & -2 \\ 3 & 2 \end{bmatrix}+e^{2t}\begin{bmatrix} -2 & -2 \\ 3 & 3 \end{bmatrix}=\begin{bmatrix} (3e^t-2e^{2t}) & (2e^t-2e^{2t}) \\ (-3e^t+3e^{2t}) & (-2e^t+3e^{2t}) \end{bmatrix}$$

$$(2.4.8)$$

となる。

２．４．３　Jordan blockによる解法

$\boldsymbol{A}$の固有値は$\lambda_1=1$，$\lambda_2=2$ であるから、それに対応する固有ベクトル $\{\boldsymbol{v}_1,\boldsymbol{v}_2\}$ を求めると

$$\boldsymbol{A}\boldsymbol{v}_1=\lambda_1\boldsymbol{v}_1 \qquad (2.4.9)$$

より

$$\begin{bmatrix} -1 & -2 \\ 3 & 4 \end{bmatrix}\begin{bmatrix} v_{11} \\ v_{21} \end{bmatrix}=\begin{bmatrix} v_{11} \\ v_{21} \end{bmatrix} \qquad (2.4.10)$$

$$\begin{cases} 2v_{11} = -2v_{21} \\ 3v_{11} = -3v_{21} \end{cases} \qquad (2.4.11)$$

これより、固有ベクトルは一意に定まらないが、ここでは

$$\boldsymbol{v}_1 = \begin{bmatrix} v_{11} \\ v_{21} \end{bmatrix} = \begin{bmatrix} 1 \\ -1 \end{bmatrix} \qquad (2.4.12)$$

とする。このようにして定まるベクトルの集合は、ベクトルの向きを与えることがわかる。次に

$$\boldsymbol{A}\boldsymbol{v}_2 = \lambda_2 \boldsymbol{v}_2 \qquad (2.4.13)$$

より

$$\begin{bmatrix} -1 & -2 \\ 3 & 4 \end{bmatrix} \begin{bmatrix} v_{12} \\ v_{22} \end{bmatrix} = 2 \begin{bmatrix} v_{12} \\ v_{22} \end{bmatrix} \qquad (2.4.14)$$

$$\begin{cases} 3v_{12} = -2v_{22} \\ 3v_{12} = -2v_{22} \end{cases} \qquad (2.4.15)$$

これより

$$\boldsymbol{v}_2 = \begin{bmatrix} v_{12} \\ v_{22} \end{bmatrix} = \begin{bmatrix} 2 \\ -3 \end{bmatrix} \qquad (2.4.16)$$

とする。

変換行列 $\boldsymbol{T}$ を

$$\boldsymbol{T} = [\boldsymbol{v}_1 \boldsymbol{v}_2] = \begin{bmatrix} 1 & 2 \\ -1 & -3 \end{bmatrix} \qquad (2.4.17)$$

とすると

$$\boldsymbol{T}^{-1} = \begin{bmatrix} 3 & 2 \\ -1 & -1 \end{bmatrix} \qquad (2.4.18)$$

となるから、$\boldsymbol{A}$の対角化された行列を$\boldsymbol{\Lambda}$で表すと

$$\boldsymbol{\Lambda}=\boldsymbol{T}^{-1}\boldsymbol{A}\boldsymbol{T}=\begin{bmatrix}1 & 0\\ 0 & 2\end{bmatrix} \qquad (2.\ 4.\ 19)$$

が得られる。これを使って

$$\begin{aligned} exp(\boldsymbol{A}t)&=exp(\boldsymbol{T}\boldsymbol{T}^{-1}\boldsymbol{A}\boldsymbol{T}\boldsymbol{T}^{-1}t)=exp(\boldsymbol{T}\boldsymbol{\Lambda}\boldsymbol{T}^{-1}t)=\boldsymbol{T}exp(\boldsymbol{\Lambda}t)\boldsymbol{T}^{-1}\\ &=\begin{bmatrix}1 & 2\\ -1 & -3\end{bmatrix}\begin{bmatrix}e^{t} & 0\\ 0 & e^{2t}\end{bmatrix}\begin{bmatrix}3 & 2\\ -1 & -1\end{bmatrix}=\begin{bmatrix}(3e^{t}-2e^{2t}) & (2e^{t}-2e^{2t})\\ (-3e^{t}+3e^{2t}) & (-2e^{t}+3e^{2t})\end{bmatrix} \end{aligned} \qquad (2.\ 4.\ 20)$$

が求まる。

$exp(\boldsymbol{A}t)$ を $\boldsymbol{\Phi}(t)$ で表して、推移行列と呼び、$[s\boldsymbol{I}-\boldsymbol{A}]^{-1}$ を$\boldsymbol{A}$のレゾルベント（resolvent）という。

推移行列の重要な性質は

(1)　$e^{0}=I$

(2)　$e^{At}e^{A\tau}=e^{A(t+\tau)}$

(3)　$(e^{At})^{-1}=e^{-At}$　　　　(2. 4. 21)

であり、定係数線形系の推移行列は、初期時刻からの経過時間のみに関係している。推移行列を使って（2. 3. 11）式を表すと

$$\boldsymbol{x}(t)=\boldsymbol{\Phi}(t)\boldsymbol{x}(0)+\int_{0}^{t}\boldsymbol{\Phi}(t,\tau)\boldsymbol{B}\boldsymbol{u}(\tau)d\tau \qquad (2.\ 4.\ 22)$$

初期時刻を t_0 としたときは

$$\boldsymbol{x}(t)=\boldsymbol{\Phi}(t,t_0)\boldsymbol{x}(t_0)+\int_{t_0}^{t}\boldsymbol{\Phi}(t,\tau)\boldsymbol{B}\boldsymbol{u}(\tau)d\tau \qquad (2.\ 4.\ 23)$$

となる。

［例題３］次の連立常微分方程式を解け。

$$\begin{cases}\dot{x}_1=3x_1+2x_2\\ \dot{x}_2=4x_2+u\end{cases}$$

但し、$\begin{bmatrix}x_1(0)\\ x_2(0)\end{bmatrix}=\begin{bmatrix}0\\ 1\end{bmatrix}$,　$u(t)=\begin{cases}0 & t<0\\ 1 & t\geq 0\end{cases}$ とする。

［解］行列で表すと

$$\begin{bmatrix}\dot{x}_1\\ \dot{x}_2\end{bmatrix}=\begin{bmatrix}-3 & 2\\ 0 & 4\end{bmatrix}\begin{bmatrix}x_1\\ x_2\end{bmatrix}+\begin{bmatrix}0\\ 1\end{bmatrix}u$$

$\boldsymbol{x}=\begin{bmatrix}x_1\\ x_2\end{bmatrix}$,　$\boldsymbol{A}=\begin{bmatrix}-3 & 2\\ 0 & 4\end{bmatrix}$,　$\boldsymbol{b}=\begin{bmatrix}0\\ 1\end{bmatrix}$ とおいて

$$\dot{\boldsymbol{x}}=\boldsymbol{A}\boldsymbol{x}+\boldsymbol{b}u$$

となる。$\mathcal{L}\{\boldsymbol{x}(t)\}=\boldsymbol{X}(s)$, $\mathcal{L}\{u(t)\}=U(s)$ とおいて上式をラプラス変換すると

$$s\boldsymbol{X}(s)-\boldsymbol{x}(0)=\boldsymbol{A}\boldsymbol{X}(s)+\boldsymbol{b}U(s)$$

$$\boldsymbol{X}(s)=[s\boldsymbol{I}-\boldsymbol{A}]^{-1}[\boldsymbol{x}(0)+\boldsymbol{b}U(s)]$$

を得る。

$$[s\boldsymbol{I}-\boldsymbol{A}]=\begin{bmatrix}s+3 & -2\\ 0 & s-4\end{bmatrix}$$

$$[s\boldsymbol{I}-\boldsymbol{A}]^{-1}=\frac{adj(s\boldsymbol{I}-\boldsymbol{A})}{det(s\boldsymbol{I}-\boldsymbol{A})}=\frac{\begin{bmatrix}s-4 & 2\\ 0 & s+3\end{bmatrix}}{\begin{vmatrix}s+3 & -2\\ 0 & s-4\end{vmatrix}}=\frac{\begin{bmatrix}s-4 & 2\\ 0 & s+3\end{bmatrix}}{(s+3)(s-4)}$$

$$=\begin{bmatrix}\frac{1}{s+3} & \frac{2}{(s+3)(s-4)}\\ 0 & \frac{1}{s-4}\end{bmatrix}$$

$$[\boldsymbol{x}(0)+\boldsymbol{b}U(s)]=\left[\begin{pmatrix}0\\1\end{pmatrix}+\begin{pmatrix}0\\1\end{pmatrix}\frac{1}{s}\right]=\begin{bmatrix}0\\\dfrac{s+1}{s}\end{bmatrix}$$

より

$$\boldsymbol{X}(s)=\begin{bmatrix}\dfrac{1}{s+3} & \dfrac{2}{(s+3)(s-4)}\\0 & \dfrac{1}{s-4}\end{bmatrix}\begin{bmatrix}0\\\dfrac{s+1}{s}\end{bmatrix}=\begin{bmatrix}\dfrac{2(s+1)}{s(s+3)(s-4)}\\\dfrac{s+1}{s(s-4)}\end{bmatrix}$$

$$=\begin{bmatrix}-\dfrac{1}{6}\cdot\dfrac{1}{s}-\dfrac{4}{21}\cdot\dfrac{1}{s+3}+\dfrac{5}{14}\cdot\dfrac{1}{s-4}\\-\dfrac{1}{4}\cdot\dfrac{1}{s}+\dfrac{5}{4}\cdot\dfrac{1}{s-4}\end{bmatrix}$$

$$\boldsymbol{x}(t)=\mathcal{L}^{-1}\{\boldsymbol{X}(s)\}$$

$$=\begin{bmatrix}-\dfrac{1}{6}\mathcal{L}^{-1}\left\{\dfrac{1}{s}\right\}-\dfrac{4}{21}\mathcal{L}^{-1}\left\{\dfrac{1}{s+3}\right\}+\dfrac{5}{14}\mathcal{L}^{-1}\left\{\dfrac{1}{s-4}\right\}\\-\dfrac{1}{4}\mathcal{L}^{-1}\left\{\dfrac{1}{s}\right\}+\dfrac{5}{4}\mathcal{L}^{-1}\left\{\dfrac{1}{s-4}\right\}\end{bmatrix}$$

$$=\begin{bmatrix}-\dfrac{1}{6}-\dfrac{4}{21}e^{-3t}+\dfrac{5}{14}e^{4t}\\-\dfrac{1}{4}+\dfrac{5}{4}e^{4t}\end{bmatrix}$$

となる。

[別解]（2．3．11）式より

$$e^{At}=\mathcal{L}^{-1}\{[s\boldsymbol{I}-\boldsymbol{A}]^{-1}\}$$

$$=\mathcal{L}^{-1}\left\{\begin{bmatrix}\dfrac{1}{s+3} & \dfrac{2}{(s+3)(s-4)}\\0 & \dfrac{1}{s-4}\end{bmatrix}\right\}=\begin{bmatrix}\mathcal{L}^{-1}\left\{\dfrac{1}{s+3}\right\} & \mathcal{L}^{-1}\left\{\dfrac{2}{(s+3)(s-4)}\right\}\\0 & \mathcal{L}^{-1}\left\{\dfrac{1}{s-4}\right\}\end{bmatrix}$$

$$=\begin{bmatrix} e^{-3t} & \frac{2}{\tau}(e^{4t}-e^{-3t}) \\ 0 & e^{4t} \end{bmatrix}$$

$$\int_0^t e^{A(t-\tau)}\boldsymbol{b}U(\tau)d\tau$$

$$=\int_0^t \begin{bmatrix} e^{-3(t-\tau)} & \frac{2}{\tau}(e^{4(t-\tau)}-e^{-3(t-\tau)}) \\ 0 & e^{4(t-\tau)} \end{bmatrix}\begin{bmatrix} 0 \\ 1 \end{bmatrix}\cdot 1d\tau$$

$$=\begin{bmatrix} \frac{1}{14}(e^{4t}-1)+\frac{2}{21}(e^{-3t}-1) \\ \frac{1}{4}(e^{4t}-1) \end{bmatrix}$$

$$\boldsymbol{x}(t)=\begin{bmatrix} e^{-3t} & \frac{2}{\tau}(e^{4t}-e^{-3t}) \\ 0 & e^{4t} \end{bmatrix}\begin{bmatrix} 0 \\ 1 \end{bmatrix}+\begin{bmatrix} \frac{1}{14}(e^{4t}-1)+\frac{2}{21}(e^{-3t}-1) \\ \frac{1}{4}(e^{4t}-1) \end{bmatrix}$$

$$=\begin{bmatrix} -\frac{1}{6}-\frac{4}{21}e^{-3t}+\frac{5}{14}e^{4t} \\ -\frac{1}{4}+\frac{5}{4}e^{4t} \end{bmatrix}$$

となる。

第3章　制御系とモデリング

従来の制御理論は伝達関数法を用いて解析・設計をしていた。この場合、系は1入力1出力の定係数線形系に限定され、多入力多出力系、非線形系、時変系などを取り扱う場合は元の微分方程式に戻って議論をしなければならない。

この単一または複数の高階の常微分方程式を連立1階常微分方程式に変換し、それをベクトル微分方程式で表したものを状態方程式という。伝達関数表現が外部表現であるのに対し、状態方程式表現は内部表現といえる。この内部の状態を表すのが内部変数（iiternal variables）あるいは状態変数（state variables）と呼ばれるものであり、入力と状態変数の応答を表すのが状態方程式（State equation)、状態変数と出力の応答を表すのが出力方程式（output equation）である。そして状態ベクトル（状態変数の順序づけられた組）によってつくられる空間が状態空間である。

3．1　状態変数と状態空間[22]

上記のように状態変数とは系の内部状態を表す量、すなわち系の挙動(behavior）を表す量である。

状態変数が $x_1(t),\cdots,x_n(t)$ の n 個、入力変数が $u_1(t),\cdots,u_m(t)$ の m 個、出力変数が $y_1(t),\cdots,y_l(t)$ の l 個で記述される系を考える。これらを順序づけられた組にして、

$$\boldsymbol{x}(t)=\begin{bmatrix} x_1(t) \\ x_2(t) \\ \vdots \\ x_n(t) \end{bmatrix} \qquad \boldsymbol{u}(t)=\begin{bmatrix} u_1(t) \\ u_2(t) \\ \vdots \\ u_m(t) \end{bmatrix} \qquad \boldsymbol{y}(t)=\begin{bmatrix} y_1(t) \\ y_2(t) \\ \vdots \\ y_l(t) \end{bmatrix}$$

（3．1．1）

で表し、$\boldsymbol{x}(t)$、$\boldsymbol{u}(t)$、$\boldsymbol{y}(t)$ はそれぞれ状態（変数）ベクトル（state variable vector）、入力（変数）ベクトルまたは制御（変数）ベクトル（input variable vector）、出力（変数）ベクトル（output variable vector）と呼ばれる。このような動的システムは複数の高階常微分方程式を用いて記述されることもあるが、現代制御理論では、連立 n 次１階常微分方程式に変換し、それをベクトル微分方程式で次式のように表す。

$$\frac{d}{dt}\boldsymbol{x}(t)=\boldsymbol{f}(\boldsymbol{x}(t),\boldsymbol{u}(t),t) \qquad (3.1.2)$$

$$\boldsymbol{y}(t)=\boldsymbol{g}(\boldsymbol{x}(t),\boldsymbol{u}(t),t) \qquad (3.1.3)$$

ここで、$\boldsymbol{f},\boldsymbol{g}$ はそれぞれ n 次元と l 次元のベクトル関数である。

式（３．１．２）は状態方程式（state equation)、（３．１．３）は出力方程式(output equation)と呼ばれ、状態変数の個数 n を系の(動的)次元(order)という。とくに、$\boldsymbol{f},\boldsymbol{g}$ が $\boldsymbol{x}$ と $\boldsymbol{u}$ の線形関数となり

$$\dot{\boldsymbol{x}}(t)=\boldsymbol{A}(t)\boldsymbol{x}(t)+\boldsymbol{B}(t)\boldsymbol{u}(t) \qquad (3.1.4)$$

$$\boldsymbol{y}(t)=\boldsymbol{C}(t)\boldsymbol{x}(t)+\boldsymbol{D}(t)\boldsymbol{u}(t) \qquad (3.1.5)$$

とおけるとき、線形時変系（linear time-varying system）と呼ばれる。ここで、・は微分記号で

$$\dot{\boldsymbol{x}}(t)=\frac{d}{dt}\boldsymbol{x}(t) \qquad (3.1.6)$$

を意味し、$\boldsymbol{A},\boldsymbol{B},\boldsymbol{C},\boldsymbol{D}$ はそれぞれ $n\times n, n\times m, l\times n, l\times m$ 次元の行列関数で、それぞれシステム行列、制御行列、出力（観測）行列そして伝達行列と呼ばれる。

また、$\boldsymbol{A},\boldsymbol{B},\boldsymbol{C},\boldsymbol{D}$ が時間によらない定数行列で

$$\dot{\boldsymbol{x}}(t)=\boldsymbol{A}\boldsymbol{x}(t)+\boldsymbol{B}\boldsymbol{u}(t) \qquad (3.1.7)$$

$$\boldsymbol{y}(t)=\boldsymbol{C}\boldsymbol{x}(t)+\boldsymbol{D}\boldsymbol{u}(t) \qquad (3.1.8)$$

と表される時、線形時不変系（linear time-invariant system）と呼ばれる。

任意の時刻 t において入力ベクトル、状態ベクトルおよび出力ベクトルの集

合は、代数的構造を入れることにより、それぞれ入力（ベクトル）空間、状態（ベクトル）空間および出力(ベクトル）空間をつくる。そして、状態量 $\boldsymbol{x}(t)$ は状態方程式（ベクトル1次微分方程式）の解として得られ、状態空間上で時刻 t における点を表し、時間の経過と共に軌道（trajectory）を描く。

3．1．1　機械システム

機械システム（mechanical system）は非線形摩擦を無視すると、バネ、ダンパ（粘性摩擦分)、マス（質量）の3つの基本要素で構成される。非線形摩擦（nonlinear friction）とは動摩擦（dynamic friction）（クーロン摩擦（coulomb friction)）と静摩擦（static friction）である。

いま物体の質量を M、制動係数を D、バネ係数を K、そしてこの物体に外力 f を加えたときの物体の変位を x とすると、次の運動方程式が得られる。

$$M\ddot{x}+D\dot{x}+Kx=f$$

$$\ddot{x}=-\frac{K}{M}x-\frac{D}{M}\dot{x}+\frac{1}{M}f \qquad (3.1.9)$$

いま、変位 x を x_1、速度 $\dot{x}$ を x_2、外力 f を u で表すと次式が得られる。

$$\dot{x}_1=x_2$$

$$\dot{x}_2=-\frac{K}{M}x_1-\frac{D}{M}x_2+\frac{1}{M}u \qquad (3.1.10)$$

直接観測できる量を変位として、行列表現すると

$$\begin{bmatrix}\dot{x}_1\\ \dot{x}_2\end{bmatrix}=\begin{bmatrix}0 & 1\\ -\dfrac{K}{M} & -\dfrac{D}{M}\end{bmatrix}\begin{bmatrix}x_1\\ x_2\end{bmatrix}+\begin{bmatrix}0\\ \dfrac{1}{M}\end{bmatrix}u$$

$$y=[1\ \ 0]\begin{bmatrix}x_1\\ x_2\end{bmatrix} \qquad (3.1.11)$$

となる。

3．1．2　電気―機械システム

小型直流モータの界磁（field）は一般に永久磁石で作られているため、非線形摩擦を無視すると、回路方程式とトルク方程式は次式のように線形常微分方程式で表される。

$$\begin{cases} v_a = L_a \dfrac{di_a}{dt} + R_a i_a + K_E \dfrac{d\theta}{dt} \\ K_T i_a = J_M \dfrac{d^2\theta}{dt^2} + D_V \dfrac{d\theta}{dt} \end{cases} \tag{3．1．12}$$

ここで、R_a は電機子抵抗、L_a は電機子インダクタンス、J_Mはモーターの回転子の慣性モーメント、K_E は逆起電力定数、K_T はトルク定数、D_V は粘性摩擦係数、θ は回転角、ω は角速度、v_a はモータに加わる直流電圧、i_a は電機子電流である。いま、角速度 ωが測定し得るものとして、(3．1．12)式より、次の連立1階常微分方程式が得られる。

$$\begin{cases} \dfrac{d\theta}{dt} = \omega \\ \dfrac{d\omega}{dt} = -\dfrac{D_V}{J_M}\omega + \dfrac{K_T}{J_M} i_a \\ \dfrac{di_a}{dt} = -\dfrac{R_a}{L_a} i_a - \dfrac{K_E}{L_a}\omega + \dfrac{1}{L_a} v_a \end{cases}$$

$$y = \omega \tag{3．1．13}$$

θをx_1、ωを x_2、i_a を x_3、そして v_a をuで表すと

$$\begin{bmatrix} \dot{x}_1 \\ \dot{x}_2 \\ \dot{x}_3 \end{bmatrix} = \begin{bmatrix} 0 & 1 & 0 \\ 0 & -\dfrac{D_V}{J_M} & \dfrac{K_T}{J_M} \\ 0 & -\dfrac{K_E}{L_a} & -\dfrac{R_a}{L_a} \end{bmatrix} \begin{bmatrix} x_1 \\ x_2 \\ x_3 \end{bmatrix} + \begin{bmatrix} 0 \\ 0 \\ \dfrac{1}{L_a} \end{bmatrix} u \tag{3．1．14}$$

$$y = [010] \begin{bmatrix} x_1 \\ x_2 \\ x_3 \end{bmatrix}$$

なる状態方程式と出力方程式が得られる。

3．1．3　物理システム

流入する液体の流量を $F_1(t)$、熔融物を C_1、流出する液の流量を $F(t)$、熔融物の濃度を $C(t)$、タンク中の液の体積を $V(t)$、液面の高さを $h(t)$ とすると

$$\begin{cases} \dfrac{dV}{dt}=F_1-F \\ \dfrac{d}{dt}[CV]=C_1F_1-CF \end{cases} \tag{3.1.15}$$

が成立する。いま、

$$F=K\sqrt{h}$$

とおいて、K は定数とする。タンクの断面積を s とすると $\left(h=\dfrac{V}{s}\text{より}\right)$

$$F=K\sqrt{\frac{V}{s}} \tag{3.1.16}$$

となるから、(3．1．15) 式は

$$\begin{cases} \dfrac{dV}{dt}=F_1-K\sqrt{\dfrac{V}{s}} \\ \dfrac{d}{dt}[CV]=C_1F_1-CK\sqrt{\dfrac{V}{s}} \end{cases} \tag{3.1.17}$$

と書き改められる。定常状態で、全ての量は一定として

$$F_0=K\sqrt{\frac{V_0}{s}} \tag{3.1.18}$$

$$0=F_{10}-F_0 \tag{3.1.19}$$

$$0=C_1F_{10}-C_0F_0 \tag{3.1.20}$$

次に、定常状態からのわずかな偏差を仮定すると

$$F_1=F_{10}+\mu_1 \tag{3.1.21}$$

$$V=V_0+\xi_1 \tag{3.1.22}$$

$$C=C_0+\xi_2 \tag{3.1.23}$$

ここで、$\mu_1(t)$ は入力変数、$\xi_1(t)$、$\xi_2(t)$ は状態変数と考える。

（3．1．17）式を線形近似すると、第1式より

$$\frac{d(V_0+\xi_1)}{dt}=(F_{10}+\mu_1)-K\sqrt{\frac{V_0+\xi_1}{s}}$$

$$\fallingdotseq F_{10}-F_0+\mu_1-\frac{F_0}{2V_0}\xi_1$$

$$\frac{d\xi_1}{dt}=\mu_1-\frac{F_0}{2V_0}\xi_1 \qquad (3.\ 1.\ 24)$$

第2式より

$$\frac{d(C_0+\xi_2)(V_0+\xi_1)}{dt}=C_1(F_{10}+\mu_1)-(C_0+\xi_2)K\sqrt{\frac{V_0+\xi_1}{s}}$$

$$V_0\frac{d\xi_2}{dt}+C_0\frac{d\xi_1}{dt}\fallingdotseq C_1F_{10}-C_0F_0+C_1\mu_1-F_0\xi_2-\frac{1}{2}C_0\frac{F_0}{V_0}\xi_1$$

$$V_0\frac{d\xi_2}{dt}=C_1\mu_1-F_0\xi_2-\frac{1}{2}C_0\frac{F_0}{V_0}\xi_1-\left(C_0\mu_1-\frac{1}{2}C_0\frac{F_0}{V_0}\xi_1\right)$$

$$=(C_1-C_0)\mu_1-F_0\xi_2$$

$$\frac{d\xi_2}{dt}=\frac{C_1-C_0}{V_0}\mu_1-\frac{F_0}{V_0}\xi_2 \qquad (3.\ 1.\ 25)$$

を得、$\dfrac{V_0}{F_0}=\tau$ とおいて

$$\begin{cases}\dot{\xi}_1=\mu_1-\dfrac{1}{2\tau}\xi_1\\[2ex]\dot{\xi}_2=\dfrac{C_1-C_0}{V_0}\mu_1-\dfrac{1}{\tau}\xi_2\end{cases} \qquad (3.\ 1.\ 26)$$

が得られる。ここで、$\boldsymbol{x}=[\xi_1,\xi_2]^T, u=\mu_1$ とおいて

$$\dot{\boldsymbol{x}}=\begin{bmatrix}-\dfrac{1}{2\tau} & 0\\[2ex] 0 & -\dfrac{1}{\tau}\end{bmatrix}\boldsymbol{x}+\begin{bmatrix}1\\[2ex]\dfrac{C_1-C_0}{V_0}\end{bmatrix}u \qquad (3.\ 1.\ 27)$$

なる状態方程式が求まる。

3．2　伝達関数

1入出力系で、入力信号 $u(t)$ および出力信号 $y(t)$ の初期値を零として、ラプラス変換したものを $U(s)$、$Y(s)$ とする。そのとき

$$Y(s)=G(s)U(s)$$

と表わして、$G(s)$ を伝達関数という。伝達関数は入力信号が出力にどのように伝達されるかを示すもので初期値には依存しない。

伝達関数において、$s=j\omega$ とおくと、周波数伝達関数が得られる。周波数伝達関数 $G(j\omega)$ は定常状態で入力に正弦波信号を入れたときの入出力関係を表す。

下図に示す1入出力系を考える。

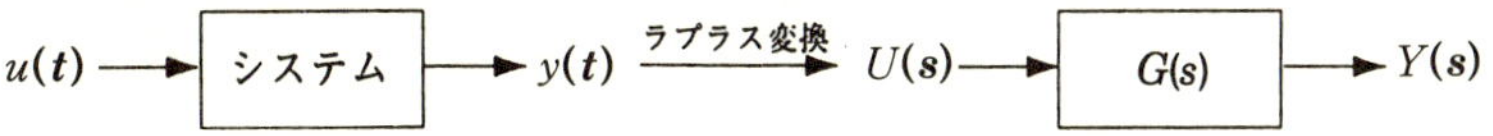

いま、システムの入出力関係が

$$a_n\frac{d^ny(t)}{dt^n}+a_{n-1}\frac{d^{n-1}y(t)}{dt^{n-1}}+\cdots+a_1\frac{dy(t)}{dt}+a_0y(t)$$
$$=b_m\frac{d^mu(t)}{dt^m}+b_{m-1}\frac{d^{m-1}u(t)}{dt^{m-1}}+\cdots+b_1\frac{du(t)}{dt}+b_0u(t) \qquad (3．2．1)$$

で表されるものとする。ラプラス変換をして初期値を零とおくと

$$(a_ns^n+a_{n-1}s^{n-1}+\cdots+a_1s+a_0)Y(s)$$
$$=(b_ms^m+b_{m-1}s^{m-1}+\cdots+b_1s+b_0)U(s) \qquad (3．2．2)$$

となるから、伝達関数は

$$G(s)=\frac{Y(s)}{U(s)}=\frac{b_ms^m+b_{m-1}s^{m-1}+\cdots+b_1s+b_0}{a_ns^n+a_{n-1}s^{n-1}+\cdots+a_1s+a_0} \qquad (3．2．3)$$

となる。これはシステムの入力から出力までの伝達特性を示している。

［例題４］小型直流モータの入力 $v(t)$ から出力 $\omega(t)$ までの伝達関数を求める。ただし、無負荷とし、非線形摩擦は無視する。

回路方程式

$$v(t)=R_a i(t)+L_a\frac{di(t)}{dt}+K_E\omega(t) \tag{3.2.4}$$

トルク方程式

$$K_T i(t)=J_M\frac{d\omega(t)}{dt}+D_V\omega(t) \tag{3.2.5}$$

$\mathcal{L}\{v(t)\}=V(s), \mathcal{L}\{i(t)\}=I(s)$、$\mathcal{L}\{\omega(t)\}=\Omega(s)$ として、上式をLaplace変換をし、初期値を零とおくと

$$\begin{cases} V(s)=(R_a+sL_a)I(s)+K_E\Omega(s) \\ K_T I(s)=(D_V+sJ_M)\Omega(s) \end{cases} \tag{3.2.6}$$

となり

$$V(s)=\left\{\frac{(R_a+sL_a)(D_V+sJ_M)+K_EK_T}{K_T}\right\}\Omega(s) \tag{3.2.7}$$

が得られる。これより伝達関数 $G(s)$ は次式で与えられる。

$$G(s)=\frac{\Omega(s)}{V(s)}=\frac{K_T}{(R_a+sL_a)(D_V+sJ_M)+K_EK_T}$$

$$=\frac{K_T}{s^2L_aJ_M+s(L_aD_V+R_aJ_M)+R_aD_V+K_EK_T} \tag{3.2.8}$$

$D_V \fallingdotseq 0$ として、分子、分母を K_EK_T で除すと

$$G(s)=\frac{\frac{1}{K_E}}{s^2\frac{L_aJ_M}{K_EK_T}+s\frac{R_aJ_M}{K_EK_T}+1}=\frac{\frac{1}{K_E}}{s^2\frac{L_a}{R_a}\cdot\frac{R_aJ_M}{K_EK_T}+s\frac{R_aJ_M}{K_EK_T}+1} \tag{3.2.9}$$

となる。L_a/R_a を電気的時定数 τ_E で、$R_aJ_M/(K_EK_T)$ を機械的時定数 τ_M で表すと、上式は

$$G(s)=\frac{\frac{1}{K_E}}{s^2\tau_E\tau_M+s\tau_M+1}$$

と書き改められる。さらに、$\tau_M \gg \tau_E$ なることを考慮に入れて

$$G(s)\fallingdotseq\frac{\frac{1}{K_E}}{s^2\tau_E\tau_M+s\tau_M+s\tau_E+1}=\frac{\frac{1}{K_E}}{(s\tau_M+1)(s\tau_E+1)}$$

で表される。

３．３　伝達関数行列

n 次元の定係数線形系を考える。状態方程式と出力方程式を

$$\begin{cases}\dot{\boldsymbol{x}}(t)=\boldsymbol{A}\boldsymbol{x}(t)+\boldsymbol{B}\boldsymbol{u}(t)\\ \boldsymbol{y}(t)=\boldsymbol{C}\boldsymbol{x}(t)\end{cases} \qquad (３．３．１)$$

で表して多入出力系とする。ここで $\boldsymbol{x}$ を n 次元ベクトル $\boldsymbol{x}\in\boldsymbol{R}^n$、$\boldsymbol{u}$ を m 次元ベクトル $\boldsymbol{u}\in\boldsymbol{R}^m$、$\boldsymbol{y}$ を l 次元ベクトル $\boldsymbol{y}\in\boldsymbol{R}^l$ とする。このとき $\boldsymbol{A},\boldsymbol{B},\boldsymbol{C}$ はそれぞれ $n\times n$ 行列、$n\times m$ 行列、$l\times n$ 行列である。

システム（３．３．１）の状態方程式をLaplace変換すると

$$s\boldsymbol{X}(s)-\boldsymbol{x}(0)=\boldsymbol{A}\boldsymbol{X}(s)+\boldsymbol{B}\boldsymbol{U}(s)$$
$$\boldsymbol{X}(s)=[s\boldsymbol{I}-\boldsymbol{A}]^{-1}\boldsymbol{x}(0)+[s\boldsymbol{I}-\boldsymbol{A}]^{-1}\boldsymbol{B}\boldsymbol{U}(s) \qquad (３．３．２)$$

初期値 $\boldsymbol{x}(0)$ を $\boldsymbol{0}$ とおくと

$$\boldsymbol{X}(s)=[s\boldsymbol{I}-\boldsymbol{A}]^{-1}\boldsymbol{B}\boldsymbol{U}(s) \qquad (３．３．３)$$

次に、出力方程式をLaplace変換すると

$$\boldsymbol{Y}(s)=\boldsymbol{C}\boldsymbol{X}(s) \qquad (３．３．４)$$

（３．３．３）と（３．３．４）式より

$$\boldsymbol{Y}(s)=\boldsymbol{C}[s\boldsymbol{I}-\boldsymbol{A}]^{-1}\boldsymbol{B}\boldsymbol{U}(s)$$
$$=\boldsymbol{G}(s)\boldsymbol{U}(s) \qquad (3.\ 3.\ 5)$$

となる。この

$$\boldsymbol{G}(s)=\boldsymbol{C}[s\boldsymbol{I}-\boldsymbol{A}]^{-1}\boldsymbol{B}=\boldsymbol{C}\frac{adj(s\boldsymbol{I}-\boldsymbol{A})}{det(s\boldsymbol{I}-\boldsymbol{A})}\boldsymbol{B} \qquad (3.\ 3.\ 6)$$

を伝達関数行列（transfer function matrix）という。

1入出力$(m=l=1)$の系では（3．3．6）式の分子を零にする s 、すなわち

$$\boldsymbol{c}adj(s\boldsymbol{I}-\boldsymbol{A})\boldsymbol{b}=0 \qquad (3.\ 3.\ 11)$$

の根を零点（zero point）という。

多入出力系では

$$\boldsymbol{R}(s)=\begin{bmatrix}\boldsymbol{A}-s\boldsymbol{I} & \boldsymbol{B}\\ \boldsymbol{C} & \boldsymbol{0}\end{bmatrix} \qquad (3.\ 3.\ 12)$$

をシステム行列（system matrix）と呼び、

$$rank[\boldsymbol{R}(s)]<n+min(l,m) \qquad (3.\ 3.\ 13)$$

とする s を不変零点（invariant zero）という。

$|s\boldsymbol{I}-\boldsymbol{A}|\neq 0$ として、1入出力システムでは

$$det\boldsymbol{R}(s)=|s\boldsymbol{I}-\boldsymbol{A}|\cdot\boldsymbol{C}[s\boldsymbol{I}-\boldsymbol{A}]^{-1}\boldsymbol{B}=\boldsymbol{C}adj(s\boldsymbol{I}-\boldsymbol{A})\boldsymbol{B} \qquad (3.\ 3.\ 14)$$

となり $det\boldsymbol{R}(s)=0$ を満たす零点は（3．3．11）式の零点と一致する。

次に、線形常微分方程式と極について考察する。まず、極について改めて定義をしておく。

1価関数 $g(s)$ が有理関数 $A(s),B(s)$ によって

$$g(s)=\frac{B(s)}{A(s)} \qquad (3.\ 3.\ 15)$$

で表されるとき、$g(s)$ が正則でなくなる点を特異点（singular point; singularity; irregular point）といい、$A(s)=0$ を満足する点 s を極（pole）という。そして相対次数（分母多項式の次数－分子多項式の次数）が零のとき、系はプロパー（proper）、正のとき系は厳密（真）にプロパー（strictly proper）という。云い換ると行列 $g(s)$ が、$g(\infty)$ で有限であるとき、プロパーといい、$g(\infty)$ で0となるとき厳密に（真に）プロパーという。

いま

$$\dot{\boldsymbol{x}}(t)=\boldsymbol{A}\boldsymbol{x}(t),\quad \boldsymbol{A}=\begin{bmatrix}\alpha & 0\\ \gamma & \beta\end{bmatrix},\quad \boldsymbol{x}(0)=\begin{bmatrix}1\\ 0\end{bmatrix} \tag{3. 3. 16}$$

なる微分方程式の解の挙動（behavio(u)r）を考える。

上式をラプラス変換して

$$\begin{aligned}\boldsymbol{X}(s)&=[s\boldsymbol{I}-\boldsymbol{A}]^{-1}\boldsymbol{x}(0)\\ &=\frac{adj(s\boldsymbol{I}-\boldsymbol{A})}{det(s\boldsymbol{I}-\boldsymbol{A})}\boldsymbol{x}(0)\end{aligned} \tag{3. 3. 17}$$

特性方程式は

$$\begin{aligned}det(s\boldsymbol{I}-\boldsymbol{A})&=\left|\begin{pmatrix}s & 0\\ 0 & s\end{pmatrix}-\begin{pmatrix}\alpha & 0\\ \gamma & \beta\end{pmatrix}\right|=\begin{vmatrix}s-\alpha & 0\\ -\gamma & s-\beta\end{vmatrix}\\ &=(s-\alpha)(s-\beta)=0\end{aligned} \tag{3. 3. 18}$$

より、特性根すなわちシステム（3．3．16）の極は

$$\lambda_1=\alpha,\ \lambda_2=\beta \tag{3. 3. 19}$$

となる。

$$adj(s\boldsymbol{I}-\boldsymbol{A})=\begin{bmatrix}s-\beta & 0\\ \gamma & s-\alpha\end{bmatrix} \tag{3. 3. 20}$$

であるから（3．3．17）式より

$$\boldsymbol{X}(s)=\frac{1}{(s-\alpha)(s-\beta)}\begin{bmatrix} s-\beta & 0 \\ \gamma & s-\alpha \end{bmatrix}\begin{bmatrix} 1 \\ 0 \end{bmatrix}=\begin{bmatrix} \dfrac{1}{s-\alpha} \\ \dfrac{\gamma}{(s-\alpha)(s-\beta)} \end{bmatrix}$$

$$=\begin{bmatrix} \dfrac{1}{s-\alpha} \\ \dfrac{\gamma}{\alpha-\beta}\left(\dfrac{1}{s-\alpha}-\dfrac{1}{s-\beta}\right) \end{bmatrix} \tag{3.3.21}$$

これを逆変換して

$$\boldsymbol{x}(t)=\mathcal{L}^{-1}\{\boldsymbol{X}(s)\}=\begin{bmatrix} \mathcal{L}^{-1}\left\{\dfrac{1}{s-\alpha}\right\} \\ \dfrac{\gamma}{\alpha-\beta}\left(\mathcal{L}^{-1}\left\{\dfrac{1}{s-\alpha}\right\}-\mathcal{L}^{-1}\left\{\dfrac{1}{s-\beta}\right\}\right) \end{bmatrix}$$

$$=\begin{bmatrix} e^{\alpha t} \\ \dfrac{\gamma}{\alpha-\beta}\ (e^{\alpha t}-e^{\beta t}) \end{bmatrix} \tag{3.3.22}$$

を得る。これより、α, βの実数部、すなわち極の実数部が負であれば解 $\boldsymbol{x}(t)$ は大域的漸近安定であることが分かる。

以上のことより、次のことが分かる。

システムの極は、$\boldsymbol{A}$行列の特性根（固有値）であり、これらは実数あるいは共役の複素数である。これは、特性多項式の係数が実数であることから分かる。この特性根を複素平面にプロットしたものを特性根平面といい、根が虚軸より左側（特性根の実数部が負）にある場合、すなわち左半平面上にある場合は系は安定な挙動を示し、根が虚軸上にある場合は持続振動を示す。また、根が右半平面上にあるときは系は不安定となる。

3．4　ブロック線図

制御系の構成要素をブロックで表し、それを信号の流れを表す線で結んだものをブロック線図という。

代数方程式、常微分方程式で表されたシステムを線図で示したもので、これによって信号の流れが一目瞭然となり、システムの解析が容易になる。

次の状態方程式で示されるシステムをブロック線図で表す。

$$\begin{cases} \dot{\boldsymbol{x}}(t)=\boldsymbol{Ax}(t)+\boldsymbol{Bu}(t),\ \boldsymbol{x}(0)=\boldsymbol{x}_0 \\ \boldsymbol{y}(t)=\boldsymbol{Cx}(t) \end{cases} \tag{3.4.1}$$

上式をラプラス変換すると

$$\begin{cases} s\boldsymbol{X}(s)-\boldsymbol{x}_0=\boldsymbol{AX}(s)+\boldsymbol{BU}(s)\rightarrow s\boldsymbol{X}(s)=\boldsymbol{x}_0+\boldsymbol{AX}(s)+\boldsymbol{BU}(s) \\ \boldsymbol{Y}(s)=\boldsymbol{CX}(s) \end{cases} \tag{3.4.2}$$

となり、ブロック線図は下図のようになる。

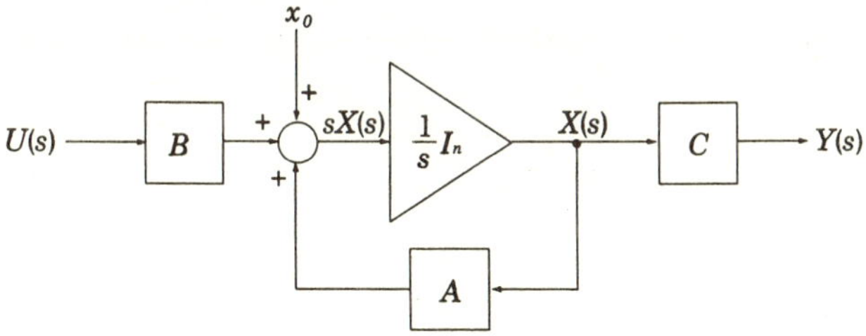

図3．1　システムのブロック線図

［例題5］例題4の小型直流モータのブロック線図を書く。
（3．2．6）式より

$$I(s)=\frac{1}{R_a+sL_a}(V(s)-K_E\Omega(s))$$

$$\Omega(s)=\frac{1}{D_V+sJ_M}K_TI(s)$$

となるから、ブロック線図は下図のようになる。

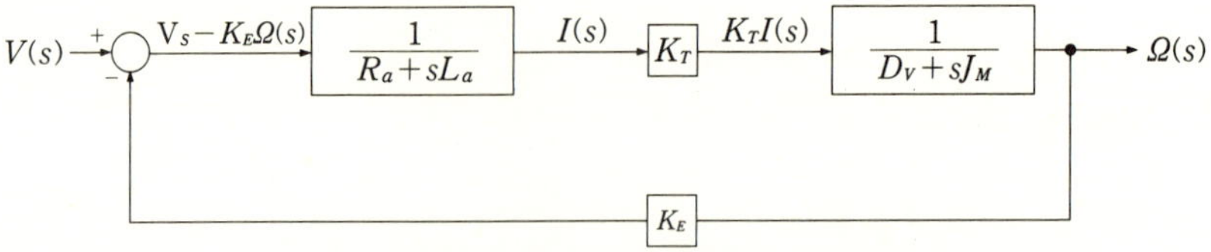

図３．２　小型直流モータのブロック線図

次にブロック線図の等価変換についてSmithの方法を示す。
ブロック線図が図ａで表されているものとする。

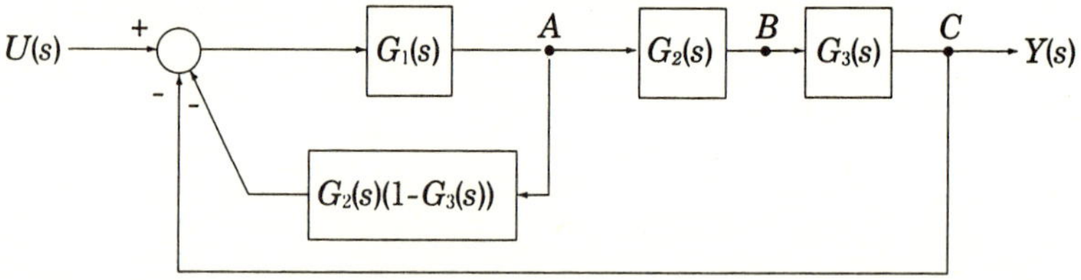

図a

検出点CをAに移すと

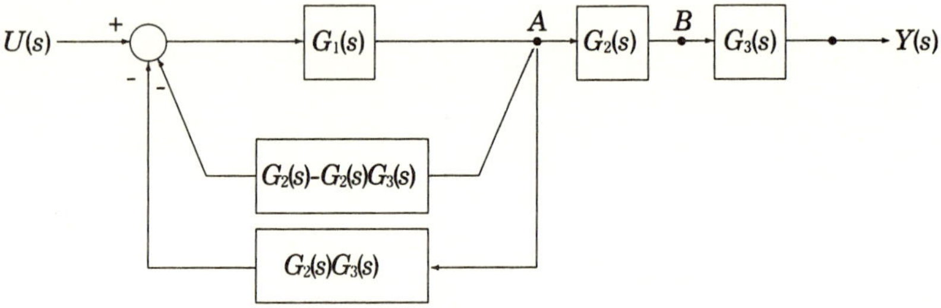

図b

図ｂとなり、これは図ｃのように書き改められる。

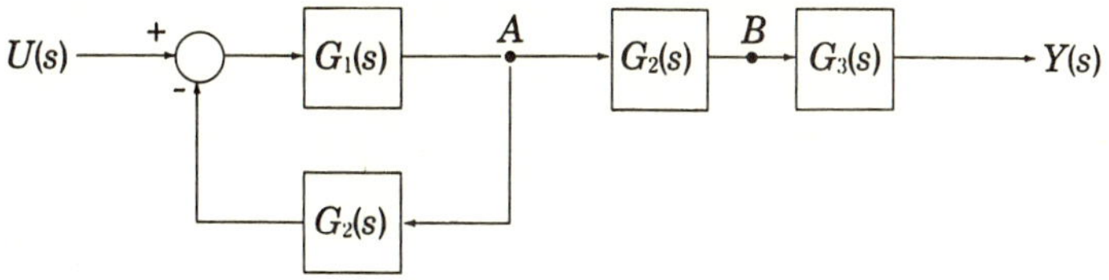

図 c

次に、検出点AをBに移すと図 d が得られる。

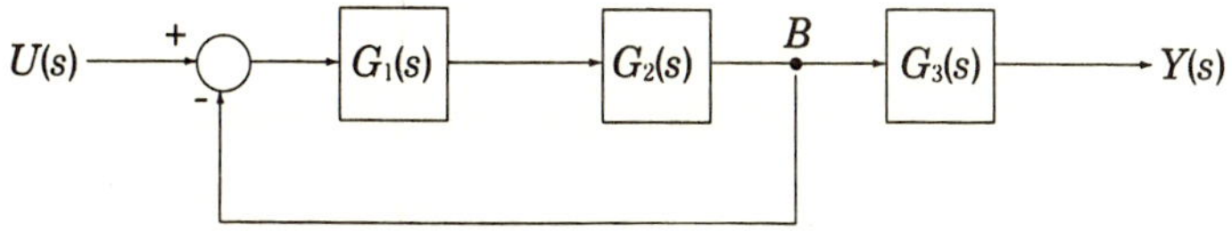

図 d

これは、$G_3(s)$ が遅れ時間の要素を含むとき、閉ループの外に出す方法として有名である。

例としては、制御対象をラプラス変換したものが $G_2(s)e^{-SL}$ で表されるとき、e^{-SL} を $G_3(s)$ とおくと、図dの制御系伝達関数は

$$G(s)=\frac{G_1(s)G_2(s)G_3(s)}{1+G_1(s)G_2(s)}$$

となる。これより、特性方程式は

$$1+G_1(s)G_2(s)=0$$

となり、式中にむだ時間が含まれないので解析や設計が容易になることがわかる。

第4章　フィードバック制御系

フィードバックとは出力信号を入力側に戻すことをいう。フィードバック制御とは、制御対象の制御量と目標値の差、すなわち制御偏差を小さくする訂正動作である。一般にフィードバックは偏差信号を求めるために負帰還（negative feedback）にするが、発振回路では正帰還（positive feedback）が使われることがある。

4．1　フィードバック制御

フィードバックには制御量からフィードバックする主フィードバック（primary feedback）と系や要素の特性を改善するための局所フィードバック（local feedback）がある。系の特性を改善する例としてはモータの制御に使われる電流ループがある。

図4．1の伝達関数 $G(s)$ は

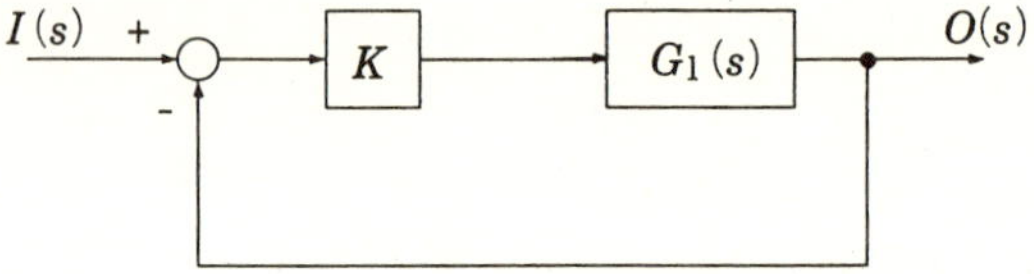

図4．1　電流ループ

$$G(s)=\frac{KG_1(s)}{1+KG_1(s)} \tag{4.1.1}$$

となるから、Kを大きくして$KG_1(s)\gg 1$とすれば $G(s)$ はほぼ1となり、$G_1(s)$ のシステムへの影響をなくすことができる。また、要素の特性を改善するものとしては要素の伝達関数が

$$G_1(s)=\frac{K_1}{1+sT},\qquad G_2(s)=K_2 \tag{4.1.2}$$

で表されるとき、図４．２のように局所フィードバックをかけると、$I(s)$ から $O(s)$ までの伝達関数 $G(s)$ は

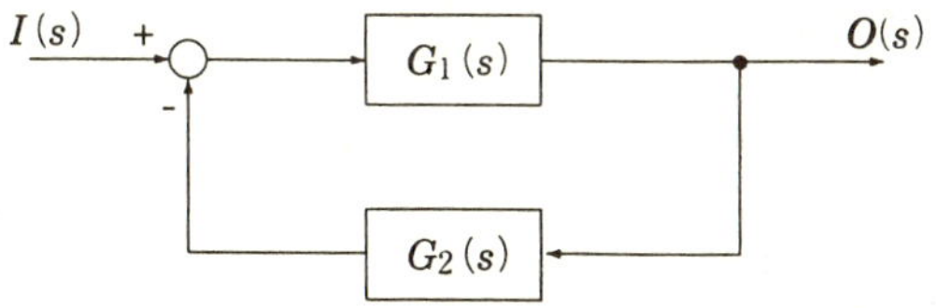

図４．２　局所フィードバック

$$G(s)=\frac{O(s)}{I(s)}=\frac{G_1(s)}{1+G_1(s)G_2(s)}=\frac{\dfrac{K_1}{1+sT}}{1+\dfrac{K_1K_2}{1+sT}}$$

$$=\frac{K_1}{1+K_1K_2+sT}=\frac{K_1}{1+K_1K_2}\cdot\frac{1}{1+s\dfrac{T}{1+K_1K_2}} \qquad (4.1.3)$$

となり、時定数は $\dfrac{1}{1+K_1K_2}$ 倍になることが分かる。

伝達関数法におけるフィードバックは出力フィードバックであるが、状態フィードバックはシステムの挙動を表わす状態量をフィードバックするのであるから、高性能な制御が期待できる。

制御対象を

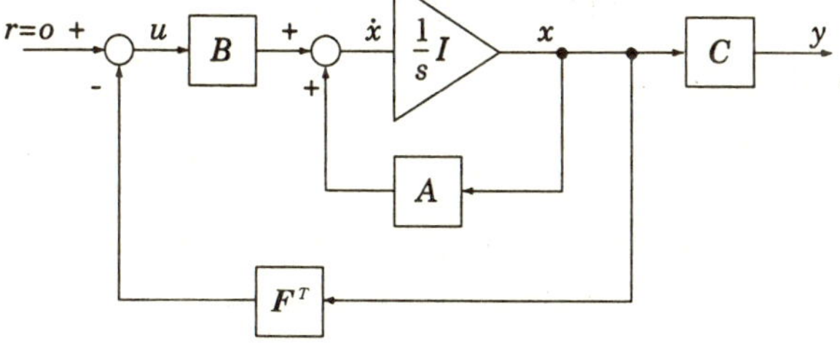

図４．３　状態フィードバック

$$\dot{\boldsymbol{x}}=\boldsymbol{A}\boldsymbol{x}+\boldsymbol{B}\boldsymbol{u}$$
$$\boldsymbol{y}=\boldsymbol{C}\boldsymbol{x} \tag{4.1.4}$$

としたとき、状態フィードバックは

$$\boldsymbol{u}=-\boldsymbol{F}^T\boldsymbol{x} \tag{4.1.5}$$

で表され、そのブロック線図は図４．３となる。

出力フィードバックは

$$\boldsymbol{u}=-\boldsymbol{K}^T\boldsymbol{y} \tag{4.1.6}$$

とおいて、ブロック線図は図４．４となる。

出力フィードバックは状態フィードバックに比べて少ない情報量をフィードバックするため、制御性能が低下する場合があり、それを補うため次の動的補償器(19)を用いる。

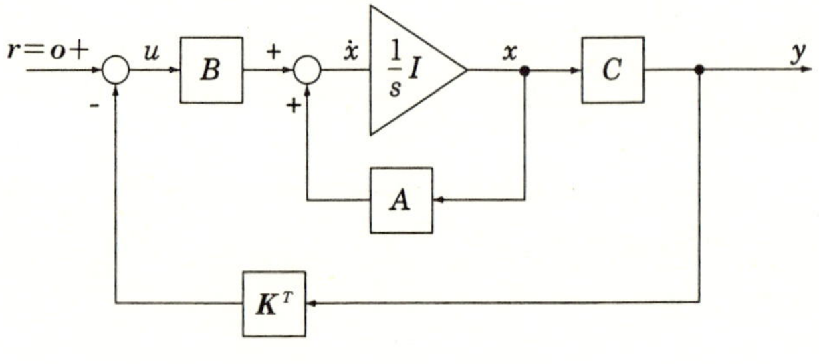

図４．４　出力フィードバック

$$\dot{\boldsymbol{Z}}=\boldsymbol{A}_D\boldsymbol{Z}+\boldsymbol{B}_D\boldsymbol{y}$$
$$\boldsymbol{u}=\boldsymbol{C}_D\boldsymbol{Z}+\boldsymbol{D}_D\boldsymbol{y} \tag{4.1.7}$$

（４．１．７)式の第２式で表されるフィードバックに対して、（４．１．６）式のフィードバックはゲイン出力フィードバックという。

4．2　フィードバック制御系の特性

フィードバック制御の性能は、入力が変化したときや外乱が加わったときの過渡特性、定常特性、そして安定性によって評価される。系の安定性とは、目標値を零にして、外乱によって変動した状態量をフィードバックによって零にできるとき、すなわち、状態空間で変動によって生じた空間内の１点から原点にフィードバックによって引き戻すことができるとき、系は安定であるという。安定性の判別法については第５章で述べる。定常特性とは系に入力あるいは外乱が加えられて十分時間が経過し、状態量に時間的な変化がなくなったときの特性である。過渡特性とは、系に入力あるいは外乱が加わってから定常状態に到るまでの状態量の時間的な変化をいう。このことについてはあとの設計時に議論する。従って、ここでは定常特性について述べる。

コントローラは系が安定に、制御偏差が小さく、しかも応答速度が速くなるように設計しなければならない。制御偏差には時間の経過とともに減衰して零となる過渡偏差（transient deviation）と定常状態に達しても残っている定常偏差（steady-state deviation）（残留偏差ともいう）がある。

図4.5に示した直結フィードバック系を考える。直結フィードバック系とはフィードバックループに伝達要素を含まない系である。図中の伝達関数 $G(s)$ はコントローラや制御対象を含んだ伝達特性を表している。このような伝達関数は一巡伝達関数（一巡伝達関数とは閉ループの１点を切ってできる開ループの伝達関数である）と呼ばれる。このフィードバック制御系に、ステップ入力、定速度入力（ランプ入力）、定加速度入力を加え、十分時間が経過した後の偏差（目標値と出力の差）、すなわち定常偏差を求める。

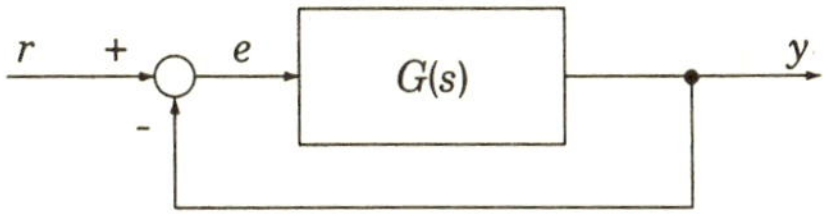

図4．5　直結フィードバック制御系

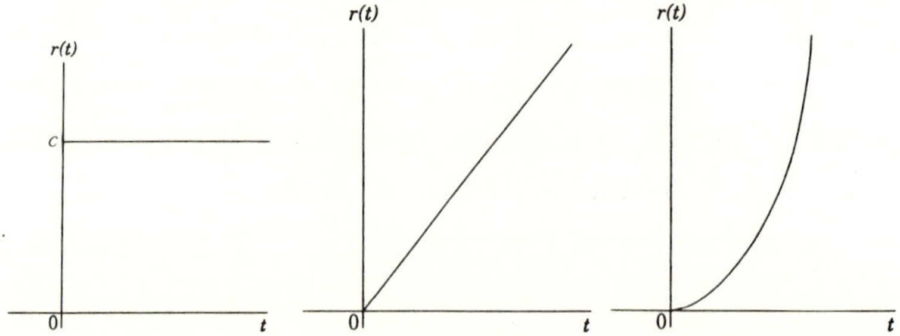

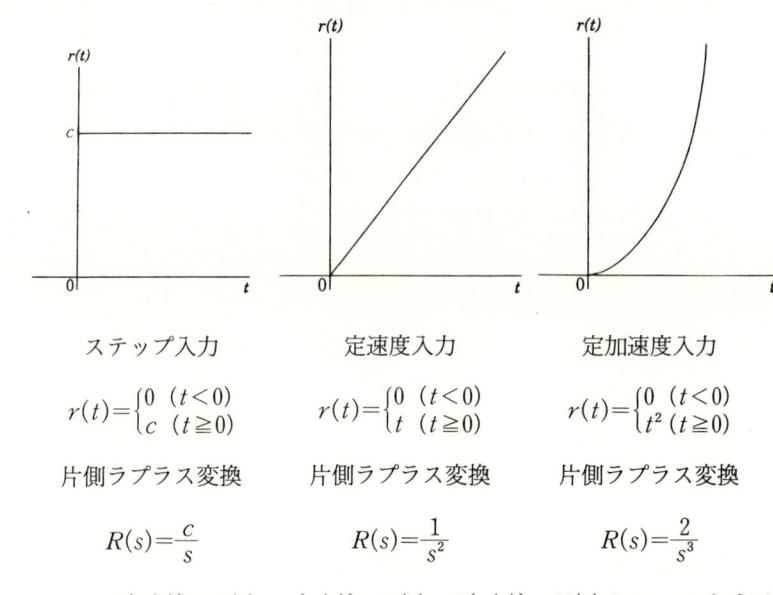

ステップ入力	定速度入力	定加速度入力
$r(t)=\begin{cases}0 & (t<0)\\ c & (t\geqq 0)\end{cases}$	$r(t)=\begin{cases}0 & (t<0)\\ t & (t\geqq 0)\end{cases}$	$r(t)=\begin{cases}0 & (t<0)\\ t^2 & (t\geqq 0)\end{cases}$
片側ラプラス変換	片側ラプラス変換	片側ラプラス変換
$R(s)=\dfrac{c}{s}$	$R(s)=\dfrac{1}{s^2}$	$R(s)=\dfrac{2}{s^3}$

図４．５で $\mathcal{L}\{r(t)\}=R(s)$, $\mathcal{L}\{e(t)\}=E(s)$, $\mathcal{L}\{y(t)\}=Y(s)$ とおいて次式が得られる。

$$\begin{cases}Y(s)=G(s)E(s) & (4.2.1)\\ E(s)=R(s)-Y(s) & (4.2.2)\end{cases}$$

$Y(s)$ を消去して、

$$E(s)=\frac{1}{1+G(s)}R(s) \qquad (4.2.3)$$

となる。定常偏差 e_s はLaplace変換の最終値の定理から

$$e_s=\lim_{t\to\infty}e(t)=\lim_{s\to 0}sE(s)=\lim_{s\to 0}\frac{s}{1+G(s)}R(s) \qquad (4.2.4)$$

で得られる。

４．２．１　ステップ入力の場合

$\mathcal{L}\{r(t)\}=c/s$ であるから、（４．２．４）式より

$$e_s=\lim_{s\to 0}\frac{s}{1+G(s)}\cdot\frac{c}{s}=\lim_{s\to 0}\frac{c}{1+G(s)}=\frac{c}{1+K_p} \qquad (4.2.5)$$

$$K_p=\lim_{s\to 0}G(s) \qquad (4.2.6)$$

この係数 K_p を位置定常偏差定数といい、$e_s=c/(1+K_p)$ を位置定常偏差（オフセット）という。

また、単位ステップ入力に対する位置定常偏差 $1/(1+K_p)$ を制御係数という。

4．2．2　定速度（ランプ）入力の場合

$\mathcal{L}\{r(t)\}=1/s^2$ であるから

$$e_s=\lim_{s\to 0}\frac{s}{1+G(s)}\cdot\frac{1}{s^2}=\lim_{s\to 0}\frac{1}{s+sG(s)}=\lim_{s\to 0}\frac{1}{sG(s)}=\frac{1}{K_V} \qquad (4.2.7)$$

$$K_V=\lim_{s\to 0}sG(s) \qquad (4.2.8)$$

この係数 K_V を速度定常偏差定数といい、$e_s=1/K_V$ を速度定常偏差という。

4．2．3　定加速度入力の場合

$\mathcal{L}\{r(t)\}=2/s^3$ であるから

$$e_s=\lim_{s\to 0}\frac{s}{1+G(s)}\cdot\frac{2}{s^3}=\lim_{s\to 0}\frac{2}{s^2+s^2G(s)}=\lim_{s\to 0}\frac{2}{s^2G(s)}=\frac{2}{K_a} \qquad (4.2.9)$$

$$K_a=\lim_{s\to 0}s^2G(s) \qquad (4.2.10)$$

この係数 K_a を加速度定常偏差定数といい、$e_s=2/K_a$ を加速度定常偏差という。

一巡伝達関数 $G(s)$ が

$$G(s)=\frac{K(1+s\tau_1)(1+s\tau_2)\cdots(1+s\tau_m)}{s^l(1+sT_1)(1+sT_2)\cdots(1+sT_n)} \qquad (4.2.11)$$

で与えられるとき、Kをゲイン定数といい、分母の s の冪乗 l が0,1,2、……の場合、それぞれ0型、1型、2型、……の制御系という。

［例題６］

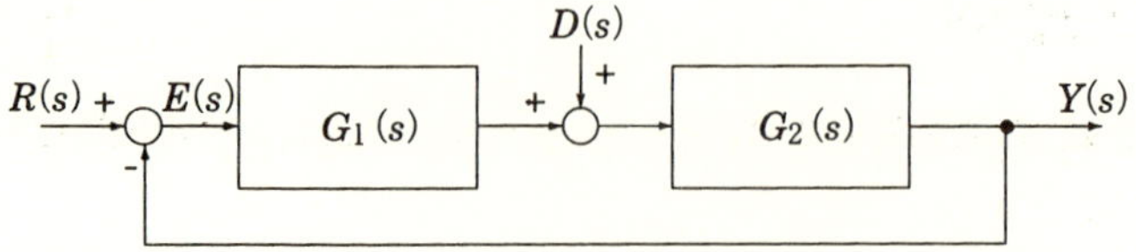

図４．６　フィードバック制御系

図４．６に示したフィードバック制御系の定常偏差を求める式を導く。図中 $D(s)$ は外乱 $d(t)$ をラプラス変換したもので、ここで外乱は外部負荷トルク、モデリング誤差、パラメータ変動、雑音等を意味する。

目標値 $r(t)$、制御量 $y(t)$、外乱 $d(t)$、制御偏差 $e(t)$ をラプラス変換したものをそれぞれ $R(s), Y(s), D(s), E(s)$ とする。

$$\begin{cases} E(s)=R(s)-Y(s) & (4.2.12) \\ Y(s)=G_2(s)\{D(s)+G_1(s)E(s)\}=G_2(s)D(s)+G_1(s)G_2(s)E(s) & (4.2.13) \end{cases}$$

（４．２．12）式の $E(s)$ を（４．２．13）式に代入して

$$Y(s)=G_2(s)D(s)+G_1(s)G_2(s)\{R(s)-Y(s)\} \qquad (4.2.14)$$

$$Y(s)=\frac{G_1(s)G_2(s)}{1+G_1(s)G_2(s)}R(s)+\frac{G_2(s)}{1+G_1(s)G_2(s)}D(s) \qquad (4.2.15)$$

（４．２．15）式の $Y(s)$ を（４．２．12）式に代入して

$$E(s)=\frac{1}{1+G_1(s)G_2(s)}R(s)-\frac{G_2(s)}{1+G_1(s)G_2(s)}D(s) \qquad (4.2.16)$$

$D(s)=0,\ G_1(s)G_2(s)=G(s)$ とおくと

$$E(s)=\frac{1}{1+G(s)}R(s) \qquad (4.2.17)$$

これより定常偏差 e_s は

$$e_s=\lim_{s\to 0} sE(s)=\lim_{s\to 0}\frac{s}{1+G(s)}R(s) \qquad (4.2.18)$$

となる。この式は（4．2．4）式と同じ形をしていることが分かる。

［例題7］積分器を1つ含む小型直流モータ速度制御系の位置定常偏差を求める。

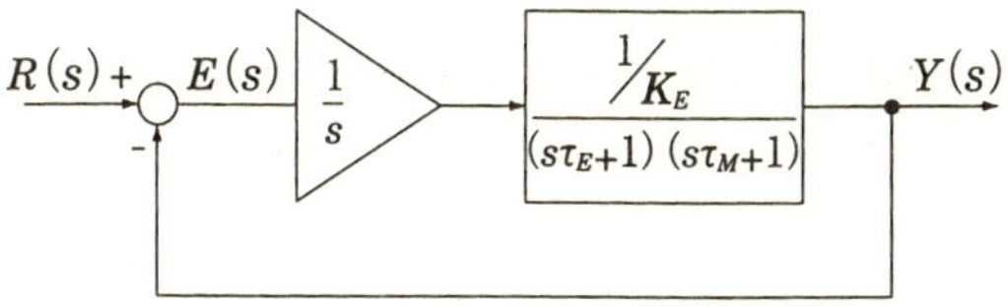

図4．7　小型サーボモータの速度制御系

$G(s)=1/\{K_E s(s\tau_E+1)(s\tau_M+1)\}$ とおくと

$$E(s)=\frac{1}{1+G(s)}R(s)$$

$$=\frac{1}{1+\frac{1}{K_E s(s\tau_E+1)(s\tau_M+1)}}R(s)$$

$$=\frac{K_E s(s\tau_E+1)(s\tau_M+1)}{1+K_E s(s\tau_E+1)(s\tau_M+1)}\cdot\frac{c}{s}$$

位置定常偏差 e_s は

$$e_s=\lim_{s\to 0} sE(s)=\lim_{s\to 0} s\frac{cK_E(s\tau_E+1)(s\tau_M+1)}{1+K_E s(s\tau_E+1)(s\tau_M+1)}=\lim_{s\to 0} s\cdot cK_E=0$$

となる。

4．3　内部モデル原理

内部モデル原理は、開ループ伝達関数が外部モデルと等価なモデルを含み、閉ループが安定であることである。

（4．2．16）式において、右辺第1項で $G_1(s)G_2(s)$ の極が $R(s)$ の $R_e(s)\geq 0$ にある全ての極を含み $G_1(s)$ の極が $D(s)$ の $R_e(s)\geq 0$ にある全ての極を含んで、閉ループが安定であれば、外乱が加わった系でも定常偏差を零に近づけることができる。

4．4　フィードフォワード制御

制御系に外乱が加わるときに、外乱が出力に影響を及ぼさないようにするためにフィードバック制御にフィードフォワード制御を併せて用いることがある。

外乱 w の加わる系が次式で表されるものとする。

$$\begin{aligned}\dot{\boldsymbol{x}} &= \boldsymbol{A}\boldsymbol{x}+\boldsymbol{B}\boldsymbol{u}+\boldsymbol{E}\boldsymbol{w}\\ \boldsymbol{y} &= \boldsymbol{C}\boldsymbol{x}+\boldsymbol{F}\boldsymbol{w}\end{aligned} \tag{4.4.1}$$

目標出力を$\boldsymbol{\gamma}$、出力偏差を $\boldsymbol{e}_y=\boldsymbol{y}-\boldsymbol{r}$ とすると

$$\begin{bmatrix}\dot{\boldsymbol{x}}\\ \boldsymbol{e}_y\end{bmatrix}=\begin{bmatrix}\boldsymbol{A} & \boldsymbol{B}\\ \boldsymbol{C} & \boldsymbol{0}\end{bmatrix}\begin{bmatrix}\boldsymbol{x}\\ \boldsymbol{u}\end{bmatrix}+\begin{bmatrix}\boldsymbol{E} & \boldsymbol{0}\\ \boldsymbol{F} & -\boldsymbol{I}\end{bmatrix}\begin{bmatrix}\boldsymbol{w}\\ \boldsymbol{r}\end{bmatrix} \tag{4.4.2}$$

と書き改められる。定常状態で $\boldsymbol{e}_y=\boldsymbol{0}$ にするのが目的であるから定常状態での状態ベクトルと制御入力ベクトルをそれぞれ $\boldsymbol{x}_s$、$\boldsymbol{u}_s$ で表すと

$$\begin{bmatrix}\boldsymbol{x}_s\\ \boldsymbol{u}_s\end{bmatrix}=-\begin{bmatrix}\boldsymbol{A} & \boldsymbol{B}\\ \boldsymbol{C} & \boldsymbol{0}\end{bmatrix}^{-1}\begin{bmatrix}\boldsymbol{E} & \boldsymbol{0}\\ \boldsymbol{F} & -\boldsymbol{I}\end{bmatrix}\begin{bmatrix}\boldsymbol{w}\\ \boldsymbol{r}\end{bmatrix} \tag{4.4.3}$$

となる。ここで状態量と制御入力の偏差を

$$\begin{aligned}\tilde{\boldsymbol{x}} &= \boldsymbol{x}-\boldsymbol{x}_s\\ \tilde{\boldsymbol{u}} &= \boldsymbol{u}-\boldsymbol{u}_s\end{aligned} \tag{4.4.4}$$

とおいて、偏差系は

$$\begin{aligned}\dot{\tilde{\boldsymbol{x}}} &= \boldsymbol{A}\tilde{\boldsymbol{x}}+\boldsymbol{B}\tilde{\boldsymbol{u}}\\ \tilde{\boldsymbol{y}} &= \boldsymbol{C}\tilde{\boldsymbol{x}}\end{aligned} \tag{4.4.5}$$

で表される。この系を漸近安定にする制御則を

$$\tilde{\boldsymbol{u}}=-\boldsymbol{f}^{\mathrm{T}}\tilde{\boldsymbol{x}} \tag{4.4.6}$$

とすると、（4．4．3）、（4．4．4）式を用いて

$$\begin{aligned}\boldsymbol{u}&=-\boldsymbol{f}^{\mathrm{T}}\boldsymbol{x}+[\boldsymbol{f}^{\mathrm{T}}\quad \boldsymbol{I}]\begin{bmatrix}\boldsymbol{x}_s\\ \boldsymbol{u}_s\end{bmatrix}\\ &=-\boldsymbol{f}^{\mathrm{T}}\boldsymbol{x}-[\boldsymbol{f}^{\mathrm{T}}\quad \boldsymbol{I}]\begin{bmatrix}\boldsymbol{A} & \boldsymbol{B}\\ \boldsymbol{C} & \boldsymbol{0}\end{bmatrix}^{-1}\begin{bmatrix}\boldsymbol{E} & \boldsymbol{0}\\ \boldsymbol{F} & -\boldsymbol{I}\end{bmatrix}\begin{bmatrix}\boldsymbol{w}\\ \boldsymbol{r}\end{bmatrix}\end{aligned} \tag{4.4.7}$$

が得られる。

第５章　系の安定判別

定係数線形系の安定判別法としては、古くはRouthおよびHurwitzの方法が知られている。しかし、状態空間法が用いられるようになってからは、非線形系の安定判別が可能なこともあって、Lyapunovの直接法が使われるようになった。これはLyapunov 第二の方法であって、Lyapunov 関数を使って、状態方程式を解くことなく系の安定性を判別できることから直接法とよばれている。この方法の欠点は安定判別が十分条件であることと、Lyapunov関数の構成が試行錯誤的であることである。系の安定性を論ずるとき、内部安定性と外部安定性があり、内部安定性とは状態方程式で表現された系について、状態量（状態変数）の安定性に着目するもので、外部安定性とは系をブラックボックスにして、外部の入出力特性から安定性を論ずるものでBIBO（bounded input bounded output ）－安定性（付録B参照）はその一つである。

５．１　Routhの安定判別法

特性方程式が

$$a_n s^n + a_{n-1} s^{n-1} + \cdots + a_1 s + a_0 = 0 \qquad (5.1.1)$$

で表されるとき、数列を(５．１．２)と(５．１．３)式に示した手順でつくる。

$$\begin{array}{lllll}
a_n & a_{n-2} & a_{n-4} & a_{n-6} & \cdots \\
a_{n-1} & a_{n-3} & a_{n-5} & a_{n-7} & \cdots \\
\hline
b_{n-1} & b_{n-3} & b_{n-5} & b_{n-7} & \cdots \\
\hline
c_{n-1} & c_{n-3} & c_{n-5} & c_{n-7} & \cdots
\end{array} \qquad (5.1.2)$$

$$
\begin{aligned}
b_{n-1} &= -\frac{\begin{vmatrix} a_n & a_{n-2} \\ a_{n-1} & a_{n-3} \end{vmatrix}}{a_{n-1}} = \frac{a_{n-1}a_{n-2} - a_n a_{n-3}}{a_{n-1}} \\
b_{n-3} &= -\frac{\begin{vmatrix} a_n & a_{n-4} \\ a_{n-1} & a_{n-5} \end{vmatrix}}{a_{n-1}} = \frac{a_{n-1}a_{n-4} - a_n a_{n-5}}{a_{n-1}} \\
c_{n-1} &= -\frac{\begin{vmatrix} a_{n-1} & a_{n-3} \\ b_{n-1} & b_{n-3} \end{vmatrix}}{b_{n-1}} = \frac{b_{n-1}a_{n-3} - a_{n-1}b_{n-3}}{b_{n-1}} \\
c_{n-3} &= -\frac{\begin{vmatrix} a_{n-1} & a_{n-5} \\ b_{n-1} & b_{n-5} \end{vmatrix}}{b_{n-1}} = \frac{b_{n-1}a_{n-5} - a_{n-1}b_{n-5}}{b_{n-1}} \\
&\cdots\cdots
\end{aligned}
\qquad (5.1.3)
$$

下記の条件を満たすとき、系は漸近安定である。

（ｉ）係数に零がなく、すべての係数 $\{a_0, a_1, \cdots a_n\}$ が同符号である。

（ⅱ）（５．１．２）で、第１列の要素 $\{a_n, a_{n-1}, b_{n-1}, c_{n-1}, \cdots\cdots\}$ が同符号である。
　符号が変わるならば、その変化する回数に等しい不安定根が存在する。

５．２　Hurwitzの安定判別法

（５．１．１）式で与えられる特性方程式をもつ系が漸近安定であるためには、次の条件を満たさなければならない。

（ｉ）すべての係数 $\{a_n, a_{n-1}, \cdots, a_0\}$ が存在し、しかも同符号である。

（ⅱ）係数を要素とする次の行列式 D の a_{n-1} を主座とする小行列式の値が全て正である。

$$D_n=\begin{vmatrix} a_{n-1} & a_{n-3} & a_{n-5} & a_{n-7} & \cdots & 0 \\ a_n & a_{n-2} & a_{n-4} & a_{n-6} & \cdots & 0 \\ 0 & a_{n-1} & a_{n-3} & a_{n-5} & \cdots & 0 \\ 0 & a_n & a_{n-2} & a_{n-4} & \cdots & 0 \\ 0 & 0 & a_{n-1} & a_{n-3} & \cdots & 0 \\ 0 & 0 & a_n & a_{n-2} & \cdots & 0 \\ \cdots & \cdots & \cdots & \cdots & \cdots & \cdots \\ 0 & \cdots & \cdots & \cdots & \cdots & * \end{vmatrix}$$

（＊はnが偶数のとき a_0、nが奇数のとき a_1 である）

$$D_1=a_{n-1}>0$$

$$D_2=\begin{vmatrix} a_{n-1} & a_{n-3} \\ a_n & a_{n-2} \end{vmatrix}>0$$

$$D_3=\begin{vmatrix} a_{n-1} & a_{n-3} & a_{n-5} \\ a_n & a_{n-2} & a_{n-4} \\ 0 & a_{n-1} & a_{n-3} \end{vmatrix}>0$$

$$\vdots$$

$$D_n>0 \qquad (5.\ 2.\ 1)$$

［例題８］小型 DC モータの安定性をHurwitzの安定判別法を使って調べる。電機子抵抗 Ra を 3.261[Ω]、電機子インダクタンス La を3.587×10^{-3}[H]、逆起電力定数 K_E を2.300×10^{-1}[$V\cdot s/rad$]、トルク定数 K_T を 1.980×10^{-1}[$N\cdot m/A$]、モータの回転子の慣性モーメント J_M を 9.776×10^{-4}[$N\cdot m\cdot s^2/rad$]、粘性摩擦係数 D_V を1.018×10^{-4}[$N\cdot m\cdot s/rad$]、（静摩擦係数と動摩擦係数の差 D_s を 6.587×10^{-2}[$N\cdot m$]、動摩擦係数 Dc を 6.600×10^{-2}[$N\cdot m$]、Ks を 1.993[s/rad]）とし、角速度 ωが測定可能とする。電流 i_a を x_1、角速度 ωを x_2、入力電圧 v_a をuとおいて、（３．２．４）と（３．２．５）式より

$$\begin{cases} \dfrac{dx_1}{dt} = -\dfrac{R_a}{L_a}x_1 - \dfrac{K_E}{L_a}x_2 + \dfrac{1}{L_a}u \\ \dfrac{dx_2}{dt} = \dfrac{K_T}{J_M}x_1 - \dfrac{D_V}{J_M}x_2 \end{cases} \tag{5.2.2}$$

$$\begin{aligned} \dot{\boldsymbol{x}} &= \begin{bmatrix} -\dfrac{R_a}{L_a} & -\dfrac{K_E}{L_a} \\ \dfrac{K_T}{J_M} & -\dfrac{D_V}{J_M} \end{bmatrix} \boldsymbol{x} + \begin{bmatrix} \dfrac{1}{L_a} \\ 0 \end{bmatrix} u \\ &= \begin{bmatrix} a_{11} & a_{12} \\ a_{21} & a_{22} \end{bmatrix} \boldsymbol{x} + \begin{bmatrix} b_1 \\ 0 \end{bmatrix} u = \boldsymbol{Ax} + \boldsymbol{b}u \end{aligned} \tag{5.2.3}$$

$$\begin{aligned} y &= [0 \ \ 1]\boldsymbol{x} \\ &= [c_1 \ \ c_2]\boldsymbol{x} = \boldsymbol{cx} \end{aligned}$$

$a_{11} = -9.091 \times 10^2$, $a_{12} = -6.412 \times 10$, $a_{21} = 2.025 \times 10^2$, $a_{22} = -1.041 \times 10^{-1}$

$b_1 = 2.788 \times 10^2$, $c_1 = 0$, $c_2 = 1$

特性方程式は

$$|s\boldsymbol{I} - \boldsymbol{A}| = \left| \begin{pmatrix} s & 0 \\ 0 & s \end{pmatrix} - \begin{pmatrix} a_{11} & a_{12} \\ a_{21} & a_{22} \end{pmatrix} \right| = \begin{vmatrix} s - a_{11} & -a_{12} \\ -a_{21} & s - a_{22} \end{vmatrix} \tag{5.2.4}$$

$$\begin{aligned} &= (s - a_{11})(s - a_{22}) - a_{12}a_{21} = s^2 - a_{11}s - a_{22}s + a_{11}a_{22} - a_{12}a_{21} \\ &= s^2 + (9.091 \times 10^2 + 1.041 \times 10^{-1})s \\ &\quad + (9.091 \times 1.041 \times 10 + 6.412 \times 2.025 \times 10^3) \\ &= s^2 + 909.204s + 13078.937 = 0 \end{aligned}$$

$$H_1 = 909.204 > 0$$

$$H_2 = \begin{vmatrix} 909.204 & 0 \\ 1 & 13078.937 \end{vmatrix} > 0$$

これより系は漸近安定であることが分かる。

5．3　指数形安定判別法

定係数線形系

$$\dot{\boldsymbol{x}}=\boldsymbol{A}\boldsymbol{x} \qquad (5.3.1)$$

で、任意の初期状態 $\boldsymbol{x}(t_0)$ で

$$\|\boldsymbol{x}(t)\|\leqq \alpha e^{-\beta(t-t_0)}\|\boldsymbol{x}(t_0)\|,\quad t\geqq t_0 \qquad (5.3.2)$$

を満たすような正の定数 α、βが存在するならば、系は指数形安定であるという。

これが成立するための必要十分条件は、すべての$\boldsymbol{A}$の固有値の実部が負であることである。以上のことは、ノルムをユークリッドノルムとして $\|\boldsymbol{x}(\boldsymbol{t})\|\triangleq\sqrt{\boldsymbol{x}^T(t)\boldsymbol{x}(t)}$ とすると

$$\lim_{t\to\infty}\|\boldsymbol{x}(t)\|=0 \qquad (5.3.3)$$

を意味し、系は漸近安定となる。

［例題 9］例題 8 の系より

$$\dot{\boldsymbol{x}}=\boldsymbol{A}\boldsymbol{x}$$
$$=\begin{bmatrix}-9.091\times10^2 & -6.412\times10\\ 2.025\times10^2 & -1.041\times10^{-1}\end{bmatrix}\boldsymbol{x} \qquad (5.3.4)$$

特性方程式は

$$s^2+909.204s+13078.937=0$$

であるから、固有値は

$$\lambda_1=-14.620,\quad \lambda_2=-894.583 \qquad (5.3.5)$$

$\boldsymbol{\Lambda}=\begin{bmatrix}\lambda_1 & 0\\ 0 & \lambda_2\end{bmatrix}$ とおいて、$\boldsymbol{A}\boldsymbol{T}=\boldsymbol{T}\boldsymbol{\Lambda}$ を満たす対角化行列 $\boldsymbol{T}$を 用いて

$$\boldsymbol{x}(t)=e^{\boldsymbol{A}t}\boldsymbol{x}(0)=\boldsymbol{T}e^{\boldsymbol{\Lambda}t}\boldsymbol{T}^{-1}\boldsymbol{x}(0)=\boldsymbol{T}\begin{bmatrix} e^{\lambda_1 t} & 0 \\ 0 & e^{\lambda_2 t}\end{bmatrix}\boldsymbol{T}^{-1}\boldsymbol{x}(0) \qquad (5.3.6)$$

と表わせるから

$$\|\boldsymbol{x}(t)\|=\sqrt{\boldsymbol{x}^T(0)\boldsymbol{T}^{-T}\begin{bmatrix} e^{\lambda_1 t} & 0 \\ 0 & e^{\lambda_2 t}\end{bmatrix}\boldsymbol{T}^T\boldsymbol{T}\begin{bmatrix} e^{\lambda_1 t} & 0 \\ 0 & e^{\lambda_2 t}\end{bmatrix}\boldsymbol{T}^{-1}\boldsymbol{x}(0)} \qquad (5.3.7)$$

となる。これより

$$\lim_{t\to\infty}\|\boldsymbol{x}(t)\|=0 \qquad (5.3.8)$$

となるから、系は漸近安定であることが分かる。

5．4　Lyapunovの安定判別法

Lyapunovの直接法について述べる。

状態方程式が

$$\dot{\boldsymbol{x}}=\boldsymbol{f}(\boldsymbol{x},\boldsymbol{u},t) \qquad (5.4.1)$$

で表される系で、$\boldsymbol{u}$が零か一定値をとり、t が陽に含まれないとき

$$\dot{\boldsymbol{x}}=\boldsymbol{f}(\boldsymbol{x}) \qquad (5.4.2)$$

なる自律系（autonomous system）となる。この自律系について議論をする。

公称解を $\boldsymbol{x}_0(t)$ とし、任意の初期時刻 t_0 と $\varepsilon>0$ に対して、初期状態が

$$\|\boldsymbol{x}(t_0)-\boldsymbol{x}_0(t_0)\|\leqq\delta(\varepsilon,t_0) \qquad (5.4.3)$$

のとき、$t\geqq t_0$ で

$$\|\boldsymbol{x}(t)-\boldsymbol{x}_0(t)\|<\varepsilon \qquad (5.4.4)$$

となる $\delta(\varepsilon,t_0)>0$ が存在するならば公称解はLyapunovの意味で安定（L－安定）である。

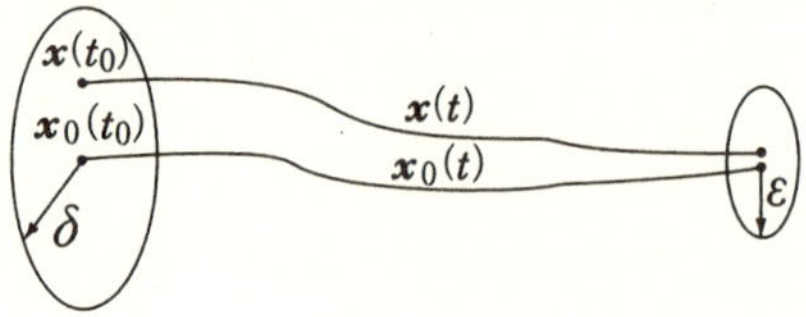

$$\|\boldsymbol{x}(t_0)-\boldsymbol{x}_0(t_0)\|\leqq\delta(t_0) \qquad (5.4.5)$$

のとき

$$\|\boldsymbol{x}(t)-\boldsymbol{x}_0(t)\|\to 0,\quad t\to\infty \qquad (5.4.6)$$

となるならば、公称解は局所的漸近安定（asymptotically stable in the small）といわれる。任意の初期値 $\boldsymbol{x}(t_0)$ に対して

$$\|\boldsymbol{x}(t)-\boldsymbol{x}_0(t)\|\to 0,\quad t\to\infty \qquad (5.4.7)$$

となるならば、大域的漸近安定（asymptotically stable in the large）といわれる。時変係数系では安定性が初期時刻 t_0 に依存する場合があり、そのときは（5．4．3）と（5．4．5）式の δ が t_0 に依存しない一様安定性を議論しなければならないが、本書ではこれ以上詳細な議論はしない。次にLyapunovの直接法の概念について述べる。一般性を失うことなく原点を平衡点とする。連続なスカラー関数 $V(\boldsymbol{x})$ を考え、$V(\boldsymbol{x})$ が正値関数（positive definite function）であることを $V(\boldsymbol{x})>0$、準正値関数（positive semidefinite function）であることを $V(\boldsymbol{x})\geqq 0$ と書くことにする。

(1) $V(\boldsymbol{0})=0$

$V(\boldsymbol{x})>0,\ \boldsymbol{x}\neq\boldsymbol{0}$

$\dot{V}(\boldsymbol{x})\leqq 0$

のとき、系（5．4．2）はLyapunovの意味で安定である。

(2) $V(\boldsymbol{x})<S$ となる有界な領域 D で

$V(\boldsymbol{0})=0$

$V(\boldsymbol{x})>0,\ \boldsymbol{x}\neq\boldsymbol{0}$

$\dot{V}(\boldsymbol{x}) \leqq 0$ ただし、$\dot{V}(\boldsymbol{x})$ は $\boldsymbol{x}=\boldsymbol{0}$ 以外で恒等的に 0 にならないという条件を満たすとき、系（５．４．２）は局所的漸近安定である。

(3)　定義域すべての領域で(2)の条件を満たし、かつ $\|\boldsymbol{x}\| \to \infty$ のとき $V(\boldsymbol{x}) \to \infty$ であるならば系（５．４．２）は大域的漸近安定である。

(4)　$V(\boldsymbol{0})=0$

$V(\boldsymbol{x})>0,\ \boldsymbol{x} \neq \boldsymbol{0}$

$\dot{V}(\boldsymbol{x})<0$

$\|\boldsymbol{x}\| \to \infty$ で　$V(\boldsymbol{x}) \to \infty$

であるならば系（５．４．２）は大域的漸近安定である。

V 関数が時間 t を陽に含む場合は、上記の条件では不十分であり、時間に依存しない関数 $\alpha(\|\boldsymbol{x}\|)$ と $\beta(\|\boldsymbol{x}\|)$ で V 関数をおさえておく必要がある。

(5)　$V(\boldsymbol{0},t)=0$

$\alpha(\|\boldsymbol{x}\|) \leqq V(\boldsymbol{x},t) \leqq \beta(\|\boldsymbol{x}\|)$　　；$\alpha(0)=0,\ \beta(0)=0$

を満たす連続増加関数 α, β が存在する。

$\dot{V}(\boldsymbol{x},t) \leqq 0$

のとき、系（５．４．２）は一様安定である。

(6)　$V(\boldsymbol{0},t)=0$

$\alpha(\|\boldsymbol{x}\|) \leqq V(\boldsymbol{x},t) \leqq \beta(\|\boldsymbol{x}\|)$　　α,β：連続増加関数

領域 D 内で

$\dot{V}(\boldsymbol{x},t) \leqq -\gamma(\|\boldsymbol{x}\|),\quad \gamma(0)=0$

を満たす正で連続なスカラー関数 γ が存在するならば、システム（５．４．２）は局所的一様漸近安定である。

(7)　(6)の条件のほかに、次の条件

$\|\boldsymbol{x}\| \to \infty$　で　$\alpha(\|\boldsymbol{x}\|) \to \infty$

が加われば、システム（５．４．２）は大域的一様漸近安定である。

［例題10］例題９の状態方程式（５．３．４）を用いて安定判別をする。

$$\dot{x}_1 = -9.091 \times 10^2 x_1 - 6.412 \times 10 x_2$$

$$\dot{x}_2 = 2.025\times10^2 x_1 - 1.041\times10^{-1} x_2$$

V関数を

$$V(\boldsymbol{x}) = \boldsymbol{x}^T\boldsymbol{P}\boldsymbol{x},\ \ \boldsymbol{P} = \begin{bmatrix} 10^{-2} & 0 \\ 0 & 3\times10^{-3} \end{bmatrix}$$

とすると

$$\begin{aligned}
\dot{V}(\boldsymbol{x}) &= \dot{\boldsymbol{x}}^T\boldsymbol{P}\boldsymbol{x} + \boldsymbol{x}^T\boldsymbol{P}\dot{\boldsymbol{x}} \\
&= [\dot{x}_1 \dot{x}_2]\begin{bmatrix} 10^{-2} & 0 \\ 0 & 3\times10^{-3} \end{bmatrix}\begin{bmatrix} x_1 \\ x_2 \end{bmatrix} + [x_1 x_2]\begin{bmatrix} 10^{-2} & 0 \\ 0 & 3\times10^{-3} \end{bmatrix}\begin{bmatrix} \dot{x}_1 \\ \dot{x}_2 \end{bmatrix} \\
&= [10^{-2}\dot{x}_1\ \ 3\times10^{-3}\dot{x}_2]\begin{bmatrix} x_1 \\ x_2 \end{bmatrix} + [10^{-2}x_1\ \ 3\times10^{-3}x_2]\begin{bmatrix} \dot{x}_1 \\ \dot{x}_2 \end{bmatrix} \\
&= 2\times10^{-2}x_1\dot{x}_1 + 2\times3\times10^{-3}x_2\dot{x}_2 \\
&= 2\times10^{-2}x_1(-9.091\times10^2 x_1 - 6.412x_2) \\
&\qquad + 6\times10^{-3}x_2(2.025\times10^2 x_1 - 1.041\times10^{-1}x_2) \\
&= -18.182x_1{}^2 - 6.74\times10^{-2}x_1x_2 - 6.246\times10^{-4}x_2{}^2 \\
&= -6.246\times10^{-4}(x_2 - 0.5395\times10^2 x_1)^2 - 16.364x_1{}^2
\end{aligned}$$

以上のことより

$$V(\boldsymbol{x}) = 10^{-2}x_1{}^2 + 3\times10^{-3}x_2{}^2 > 0$$

$$\dot{V}(\boldsymbol{x}) = -6.246\times10^{-4}(x_2 - 0.5395\times10^2 x_1)^2 - 16.364x_1{}^2 < 0 \quad \boldsymbol{x} \neq \boldsymbol{0}$$

となるから、システムは大域的漸近安定である。

第6章　可制御性・可観測性

可制御性とは入力 $\boldsymbol{u}$ によって、状態量 $\boldsymbol{x}$ を制御できるか否かというシステムの構造からくる性質である。また、可安定とはシステムを安定モードと不安定モードに分割したとき、不安定モードが可制御であることをいう。与えられたシステムが制御可能か否かの判定は可制御性の条件を調べることによって判定できる。可観測性とは、出力を測定することによって状態量を知ることができるかどうかという、これもシステムの構造からでてくる性質である。可検出とはシステムを可観測モードと不可観測モードに分割したとき、不可観測モードが安定であることをいう。すなわち、不可観測モードが

$$\dot{\boldsymbol{x}}_2=\boldsymbol{A}_{21}\boldsymbol{x}_1+\boldsymbol{A}_{22}\boldsymbol{x}_2+\boldsymbol{B}_2\boldsymbol{u}$$

で表されるとき、状態観測器（observer）

$$\dot{\boldsymbol{z}}_2=\boldsymbol{A}_{21}\boldsymbol{z}_1+\boldsymbol{A}_{22}\boldsymbol{z}_2+\boldsymbol{B}_2\boldsymbol{u}$$

を用いて $\boldsymbol{x}_2$ を推定するものとする。状態推定誤差を $\boldsymbol{e}_i=\boldsymbol{z}_i-\boldsymbol{x}_i(i=1,2)$ で表すと

$$\dot{\boldsymbol{e}}_2=\boldsymbol{A}_{21}\boldsymbol{e}_1+\boldsymbol{A}_{22}\boldsymbol{e}_2$$

となり、$t\to\infty$ で $\boldsymbol{e}_1(t)\to\boldsymbol{0}$ であるから、$\boldsymbol{A}_{22}$ が安定行列であれば $\boldsymbol{x}_2$ の推定が可能となる。

与えられたシステムが観測可能か否かの判定は、可観測性の条件を調べることによって分かる。

6．1　可制御性

可制御(controllable)とは任意の初期状態 $\boldsymbol{x}(t_0)$ から、零状態 ($\boldsymbol{x}=\boldsymbol{0}$) に有界な入力で、有限時間内 ($t_0 \leqq t \leqq t_f$) で状態量を移すことができることをいう。

可到達とは初期状態 $\boldsymbol{x}(t_0)=\boldsymbol{0}$ から、有限時間内 ($t_0 \leqq t \leqq t_f$) に有界な入力 $\boldsymbol{u}(t)$ によって、目標とする状態 $\boldsymbol{x}(t_f)=\tilde{\boldsymbol{x}}$ に移すことができることをいう。

［可制御性の条件］
n 次元定係数線形系

$$\dot{\boldsymbol{x}}=\boldsymbol{A}\boldsymbol{x}+\boldsymbol{B}\boldsymbol{u},\quad \boldsymbol{x}\in \boldsymbol{R}^n, \boldsymbol{u}\in \boldsymbol{R}^m \tag{6.1.1}$$

は、可制御行列 (controllability matrix)

$$\boldsymbol{U}_c=[\boldsymbol{B}\ \ \boldsymbol{A}\boldsymbol{B}\ \ \boldsymbol{A}^2\boldsymbol{B}\cdots\boldsymbol{A}^{n-1}\boldsymbol{B}] \tag{6.1.2}$$

の列ベクトルが n 次元空間を張るならば、完全可制御である。すなわち、

$$rank(\boldsymbol{U}_c)=n \tag{6.1.3}$$

が完全可制御であるための必要十分条件である。

（6．1．3）式が成立することを簡単に証明する。

（6．1．3）の解は初期時刻 t_0 で $\boldsymbol{x}(t_0)$、時刻 t_f で $\boldsymbol{x}(t_f)=\boldsymbol{0}$ とすると

$$\boldsymbol{0}=\boldsymbol{e}^{A(t_f-t_0)}\boldsymbol{x}(t_0)+\int_{t_0}^{t_f}\boldsymbol{e}^{A(t_f-\tau)}\boldsymbol{B}\boldsymbol{u}(\tau)d\tau$$

$$-\boldsymbol{e}^{A(t_f-t_0)}\boldsymbol{x}(t_0)=\int_{t_0}^{t_f}\boldsymbol{e}^{A(t_f-\tau)}\boldsymbol{B}\boldsymbol{u}(\tau)d\tau$$

$$=\int_{t_0}^{t_f}\left\{\boldsymbol{I}+\boldsymbol{A}(t_f-\tau)+\boldsymbol{A}^2\cdot\frac{(t_f-\tau)^2}{2!}+\boldsymbol{A}^3\cdot\frac{(t_f-\tau)^3}{3!}\cdots\right\}\boldsymbol{B}\boldsymbol{u}(\tau)d\tau$$

$$=\boldsymbol{B}\int_{t_0}^{t_f}\boldsymbol{u}(\tau)d\tau+\boldsymbol{A}\boldsymbol{B}\int_{t_0}^{t_f}(t_f-\tau)\boldsymbol{u}(\tau)d\tau+\boldsymbol{A}^2\boldsymbol{B}\int_{t_0}^{t_f}\frac{(t_f-\tau)^2}{2!}\boldsymbol{u}(\tau)d\tau+\cdots$$

$$+\boldsymbol{A}^{n-1}\boldsymbol{B}\int_{t_0}^{t_f}\frac{(t_f-\tau)^{n-1}}{(n-1)!}\boldsymbol{u}(\tau)d\tau+\cdots$$

$$=[\boldsymbol{B}\ \ \boldsymbol{AB}\ \ \boldsymbol{A}^2\boldsymbol{B}\cdots\boldsymbol{A}^{n-1}\boldsymbol{B}]\boldsymbol{W}$$

$$\boldsymbol{W}=\begin{bmatrix}\int_{t_0}^{t_f}\boldsymbol{u}(\tau)d\tau\\ \int_{t_0}^{t_f}(t_f-\tau)\boldsymbol{u}(\tau)d\tau\\ \vdots\\ \frac{1}{(n-1)!}\int_{t_0}^{t_f}(t_f-\tau)^{n-1}\boldsymbol{u}(\tau)d\tau\end{bmatrix}$$

となるから、$\boldsymbol{W}\neq\boldsymbol{0}$ が存在するためには

$$\boldsymbol{U}_C=[\boldsymbol{B}\ \ \boldsymbol{AB}\ \ \boldsymbol{A}^2\boldsymbol{B}\cdots\boldsymbol{A}^{n-1}\boldsymbol{B}]$$

が最大階数（full rank）でなければならない。

系が可制御であることを $(\boldsymbol{A},\boldsymbol{B})$ 可制御ということがある。

6．2　可観測性

可観測（observable）とは、有限時間 $(t_0\leqq t\leqq t_f)$ の間、出力 $\boldsymbol{y}(t)$ を測定して、初期状態量 $\boldsymbol{x}(t_0)$ を求めることが可能であることをいう。同様に $\boldsymbol{y}(t)$ を測定して、$\boldsymbol{x}(t_f)$ を求めることが可能であるとき、システムは可復元（reconstructibe）であるという。

［可観測性の条件］

n 次元定係数線形システム

$$\dot{\boldsymbol{x}}=\boldsymbol{Ax}+\boldsymbol{Bu}$$
$$\boldsymbol{y}=\boldsymbol{Cx} \qquad (6.2.1)$$

は、可観測行列（observability matrix）

$$\boldsymbol{U}_0=\begin{bmatrix} \boldsymbol{C} \\ \boldsymbol{CA} \\ \boldsymbol{CA}^2 \\ \vdots \\ \boldsymbol{CA}^{n-1} \end{bmatrix} \qquad (6.\ 2.\ 2)$$

の行ベクトルがn次元空間を張るならば、完全可観測である。すなわち、

$$rank(\boldsymbol{U}_0)=n \qquad (6.\ 2.\ 3)$$

が完全可観測であるための必要十分条件である

（6．2．3）式が成立することを簡単に証明する。

零入力状態 $\boldsymbol{u}(t)=\boldsymbol{0}$ として、（6．2．1）式より

$$\boldsymbol{y}(t)=\boldsymbol{C}e^{\boldsymbol{A}(t-t_0)}\boldsymbol{x}(t_0) \qquad (6.\ 2.\ 4)$$

が得られるから

$$\begin{cases} \boldsymbol{y}(t)=\boldsymbol{C}e^{\boldsymbol{A}(t-t_0)}\boldsymbol{x}(t_0) \\ \dot{\boldsymbol{y}}(t)=\boldsymbol{CA}e^{\boldsymbol{A}(t-t_0)}\boldsymbol{x}(t_0) \\ \ddot{\boldsymbol{y}}(t)=\boldsymbol{CA}^2e^{\boldsymbol{A}(t-t_0)}\boldsymbol{x}(t_0) \\ \qquad\vdots \\ \boldsymbol{y}^{(n-1)}(t)=\boldsymbol{CA}^{n-1}e^{\boldsymbol{A}(t-t_0)}\boldsymbol{x}(t_0) \end{cases} \qquad (6.\ 2.\ 5)$$

上式より

$$\begin{bmatrix} \boldsymbol{C} \\ \boldsymbol{CA} \\ \boldsymbol{CA}^2 \\ \vdots \\ \boldsymbol{CA}^{n-1} \end{bmatrix} e^{\boldsymbol{A}(t-t_0)}\boldsymbol{x}(t_0)=\begin{bmatrix} \boldsymbol{y}(t) \\ \dot{\boldsymbol{y}}(t) \\ \ddot{\boldsymbol{y}}(t) \\ \vdots \\ \boldsymbol{y}^{(n-1)}(t) \end{bmatrix}$$

$\boldsymbol{x}(t_0)$が求まるためには

$$U_0=\begin{bmatrix} C \\ CA \\ CA^2 \\ \vdots \\ CA^{n-1} \end{bmatrix}$$

が最大階数でなければならない。

系が可観測であることを $(\boldsymbol{C},\boldsymbol{A})$ 可観測ということがある。

［例題11］例題8の系

$$\dot{x}=\begin{bmatrix} -9.091\times10^2 & -6.412\times10 \\ 2.025\times10^2 & -1.041\times10^{-1} \end{bmatrix}x+\begin{bmatrix} 2.788\times10^2 \\ 0 \end{bmatrix}u$$

$$y=[0\ \ 1]$$

について、可制御性と可観測性を調べる。

可制御性

$$\begin{aligned} U_c&=[b\ \ bA] \\ &=\begin{bmatrix} 2.788\times10^2 & -9.091\times2.788\times10^4 \\ 0 & 2.025\times2.788\times10^4 \end{bmatrix} \end{aligned}$$

$rankU_c=2$ でfull rankであるから、この系は可制御である。

可観測性

$$\begin{aligned} U_0&=\begin{bmatrix} C \\ CA \end{bmatrix} \\ &=\begin{bmatrix} 0 & 1 \\ 2.025\times10^2 & -1.041\times10^{-1} \end{bmatrix} \end{aligned}$$

$rankU_0=2$ でfull rankであるから、この系は可観測である。

第７章　可制御標準(正準)形式・可観測標準(正準)形式

可制御標準形式は系の可制御性を直観的に判定できることや、大規模な設計をするとき有用なものである。可観測標準形式は可観測性を仮定して、標準形に変換したものである。

７．１　可制御標準形式

$(\boldsymbol{A},\boldsymbol{b})$ 可制御である１入出力系

$$\begin{cases}\dot{\boldsymbol{x}}=\boldsymbol{A}\boldsymbol{x}+\boldsymbol{b}u\\ y=\boldsymbol{c}\boldsymbol{x}\end{cases} \tag{7.1.1}$$

において$\boldsymbol{A}$の特性多項式が

$$|s\boldsymbol{I}-\boldsymbol{A}|=s^n+a_{n-1}s^{n-1}+\cdots+a_1s+a_0 \tag{7.1.2}$$

で表されるとき、可制御行列を $\boldsymbol{U}_c$ として、変換行列

$$\boldsymbol{T}=\boldsymbol{U}_c\boldsymbol{W}=[\boldsymbol{b}\ \ \boldsymbol{A}\boldsymbol{b}\cdots\boldsymbol{A}^{n-1}\boldsymbol{b}]\begin{bmatrix}a_1 & a_2 & a_3 & \cdots & a_{n-1} & 1\\ a_2 & a_3 & & & \iddots & \\ a_3 & & & \iddots & & \\ \vdots & & \iddots & & & \\ a_{n-1} & \iddots & & & \boldsymbol{0} & \\ 1 & & & & & \end{bmatrix} \tag{7.1.3}$$

をつくる。そして、系（７．１．１）に $\boldsymbol{x}(t)=\boldsymbol{T}\boldsymbol{z}(t)$ なる変数変換を施すと

$$\begin{cases}\dot{\boldsymbol{z}}=\boldsymbol{T}^{-1}\boldsymbol{A}\boldsymbol{T}\boldsymbol{z}+\boldsymbol{T}^{-1}\boldsymbol{b}u\\ y=\boldsymbol{c}\boldsymbol{T}\boldsymbol{z}\end{cases}\qquad(7.1.4)$$

となり、次式のように書き改められる。

$$\begin{cases}\dot{\boldsymbol{z}}=\tilde{\boldsymbol{A}}\boldsymbol{z}+\tilde{\boldsymbol{b}}u\\ y=\tilde{\boldsymbol{c}}\boldsymbol{z}\end{cases}\qquad(7.1.5)$$

この$\tilde{\boldsymbol{A}}=\boldsymbol{T}^{-1}\boldsymbol{A}\boldsymbol{T}, \tilde{\boldsymbol{b}}=\boldsymbol{T}^{-1}\boldsymbol{b}$は可制御標準（正準）形式（controllable canonical form)、系（7．1．5）は可制御標準（正準）系と呼ばれる。（7．1．5）式を要素表現すると

$$\begin{bmatrix}\dot{z}_1\\ \dot{z}_2\\ \vdots\\ \dot{z}_n\end{bmatrix}=\begin{bmatrix}0 & 1 & 0 & \cdots & 0\\ \vdots & & \ddots & & \vdots\\ 0 & & & \ddots & 0\\ 0 & \cdots & 0 & & 1\\ -a_0 & -a_1 & \cdots & -a_{n-2} & -a_{n-1}\end{bmatrix}\begin{bmatrix}z_1\\ z_2\\ \vdots\\ z_n\end{bmatrix}+\begin{bmatrix}0\\ \vdots\\ 0\\ 1\end{bmatrix}u\qquad(7.1.6)$$

$$y=[\tilde{c}_1\,\tilde{c}_2\cdots\tilde{c}_n]\begin{bmatrix}z_1\\ z_2\\ \vdots\\ z_n\end{bmatrix}\qquad(7.1.7)$$

となる。

この式が成立することを簡単に説明しておく。

$$\tilde{\boldsymbol{A}}=\boldsymbol{T}^{-1}\boldsymbol{A}\boldsymbol{T}=[\boldsymbol{U}_c\boldsymbol{W}]^{-1}\boldsymbol{A}[\boldsymbol{U}_c\boldsymbol{W}]=\boldsymbol{W}^{-1}\boldsymbol{U}_c^{-1}\boldsymbol{A}\boldsymbol{U}_c\boldsymbol{W}\qquad(7.1.8)$$

であるから、

$$\boldsymbol{U}_c^{-1}\boldsymbol{A}\boldsymbol{U}_c=\bar{\boldsymbol{A}}\qquad(7.1.9)$$

とおくと

$$\begin{aligned}&\boldsymbol{A}\boldsymbol{U}_c=\boldsymbol{U}_c\bar{\boldsymbol{A}}\\ &\boldsymbol{A}[\boldsymbol{b}\ \boldsymbol{A}\boldsymbol{b}\ \boldsymbol{A}^2\boldsymbol{b}\cdots\boldsymbol{A}^{n-1}\boldsymbol{b}]=[\boldsymbol{b}\ \boldsymbol{A}\boldsymbol{b}\ \boldsymbol{A}^2\boldsymbol{b}\cdots\boldsymbol{A}^{n-1}\boldsymbol{b}]\bar{\boldsymbol{A}}\end{aligned}\qquad(7.1.10)$$

となる。

Cayley-Hamiltonの定理より

$$\boldsymbol{A}^n+a_{n-1}\boldsymbol{A}^{n-1}+a_{n-2}\boldsymbol{A}^{n-2}+\cdots+a_1\boldsymbol{A}+a_0\boldsymbol{I}=\boldsymbol{0} \tag{7. 1. 11}$$

が成立するにことを考慮に入れて

$$\bar{\boldsymbol{A}}=\begin{bmatrix} 0 & \cdots & 0 & -a_0 \\ 1 & \ddots & \vdots & -a_1 \\ 0 & \ddots & \vdots & -a_2 \\ \vdots & \ddots & 0 & \vdots \\ 0 & \cdots\ 0 & 1 & -a_{n-1} \end{bmatrix} \tag{7. 1. 12}$$

となる。次に

$$\tilde{\boldsymbol{A}}=\boldsymbol{W}^{-1}\bar{\boldsymbol{A}}\boldsymbol{W} \tag{7. 1. 13}$$

より

$$\boldsymbol{W}\tilde{\boldsymbol{A}}=\bar{\boldsymbol{A}}\boldsymbol{W} \tag{7. 1. 14}$$

となる。この式が成立することは

$$\begin{bmatrix} a_1 & a_2 & a_3 & \cdots & a_{n-1} & 1 \\ a_2 & a_3 & & & & 0 \\ a_3 & & & & & \vdots \\ \vdots & & & & & \vdots \\ a_{n-1} & & & & & \vdots \\ 1 & 0 & \cdots & \cdots & \cdots & 0 \end{bmatrix}\begin{bmatrix} 0 & 1 & 0 & \cdots & 0 \\ \vdots & \ddots & \ddots & \ddots & \vdots \\ \vdots & & \ddots & \ddots & 0 \\ 0 & \cdots & \cdots & 0 & 1 \\ -a_0 & -a_1 & \cdots & -a_{n-2} & -a_{n-1} \end{bmatrix}=\begin{bmatrix} 0 & \cdots & 0 & -a_0 \\ 1 & \ddots & \vdots & -a_1 \\ 0 & \ddots & \vdots & -a_2 \\ \vdots & \ddots & 0 & \vdots \\ 0 & \cdots\ 0 & 1 & -a_{n-1} \end{bmatrix}\begin{bmatrix} a_1 & a_2 & \cdots & a_{n-1} & 1 \\ a_2 & & & & 0 \\ \vdots & & & & \vdots \\ a_{n-1} & & & & \vdots \\ 1 & 0 & \cdots & \cdots & 0 \end{bmatrix} \tag{7. 1. 15}$$

を直接計算することによって確かめられる。

次に

$$\tilde{\boldsymbol{b}}=\boldsymbol{T}^{-1}\boldsymbol{b}=[\boldsymbol{U}_c\boldsymbol{W}]^{-1}\boldsymbol{b}=\boldsymbol{W}^{-1}\boldsymbol{U}_c^{-1}\boldsymbol{b}$$

$$\boldsymbol{W}\tilde{\boldsymbol{b}}=\boldsymbol{U}_c^{-1}\boldsymbol{b} \tag{7.1.16}$$

が成立することを説明する。

$$\bar{\boldsymbol{b}}=\boldsymbol{U}_c^{-1}\boldsymbol{b} \tag{7.1.17}$$

とおくと

$$\boldsymbol{U}_c\bar{\boldsymbol{b}}=\boldsymbol{b}$$

$$[\boldsymbol{b}\ \boldsymbol{A}\boldsymbol{b}\ \boldsymbol{A}^2\boldsymbol{b}\cdots\boldsymbol{A}^{n-1}\boldsymbol{b}]\,\bar{\boldsymbol{b}}=\boldsymbol{b} \tag{7.1.18}$$

より

$$\bar{\boldsymbol{b}}=\begin{bmatrix}1\\0\\\vdots\\0\end{bmatrix} \tag{7.1.19}$$

となる。（7．1．16）と（7．1．17）式より

$$\boldsymbol{W}\tilde{\boldsymbol{b}}=\bar{\boldsymbol{b}} \tag{7.1.20}$$

これが成立することは、次式を直接計算することによって確かめられる。

$$\begin{bmatrix}a_1 & a_2 & a_3 & \cdots & a_{n-1} & 1\\ a_2 & a_3 & & \cdots & & 0\\ a_3 & & & & & \vdots\\ \vdots & & & & & \vdots\\ a_{n-1} & & & & & \vdots\\ 1 & 0 & \cdots & & \cdots & 0\end{bmatrix}\begin{bmatrix}0\\ \vdots\\ \vdots\\ \vdots\\ 0\\ 1\end{bmatrix}=\begin{bmatrix}1\\0\\ \vdots\\ \vdots\\ \vdots\\ 0\end{bmatrix} \tag{7.1.21}$$

7．2　可観測標準形式

$(\boldsymbol{C},\boldsymbol{A})$ 可観測である１入出力系

$$\begin{cases}\dot{\boldsymbol{x}}=\boldsymbol{A}\boldsymbol{x}+\boldsymbol{b}u \\ y=\boldsymbol{c}\boldsymbol{x}\end{cases} \qquad (7.\ 2.\ 1)$$

において、可観測行列を $\boldsymbol{U}_0$ とおいて、変換行列

$$\boldsymbol{S}=\boldsymbol{W}\boldsymbol{U}_0 \qquad (7.\ 2.\ 2)$$

$$=\begin{bmatrix} a_1 & a_2 & \cdots & a_{n-1} & 1 \\ a_2 & & & & 0 \\ \vdots & & ⋰ & & \vdots \\ a_{n-1} & ⋰ & & & \vdots \\ 1 & 0 & \cdots & \cdots & 0 \end{bmatrix}\begin{bmatrix}\boldsymbol{c} \\ \boldsymbol{c}\boldsymbol{A} \\ \boldsymbol{c}\boldsymbol{A}^2 \\ \vdots \\ \boldsymbol{c}\boldsymbol{A}^{n-1}\end{bmatrix} \qquad (7.\ 2.\ 3)$$

をつくり、系（7．2．1）に $\boldsymbol{z}=\boldsymbol{S}\boldsymbol{x}$ なる変数変換を施すと

$$\begin{cases}\dot{\boldsymbol{z}}=\boldsymbol{S}\boldsymbol{A}\boldsymbol{S}^{-1}\boldsymbol{z}+\boldsymbol{S}\boldsymbol{b}u \\ y=\boldsymbol{c}\boldsymbol{S}^{-1}\boldsymbol{z}\end{cases} \qquad (7.\ 2.\ 4)$$

となり、上式を

$$\begin{cases}\dot{\boldsymbol{z}}=\overline{\boldsymbol{A}}\boldsymbol{z}+\overline{\boldsymbol{b}}u \\ y=\overline{\boldsymbol{c}}\boldsymbol{z}\end{cases} \qquad (7.\ 2.\ 5)$$

と書き改めると、$\overline{\boldsymbol{A}}=\boldsymbol{S}\boldsymbol{A}\boldsymbol{S}^{-1}$, $\overline{\boldsymbol{c}}=\boldsymbol{c}\boldsymbol{S}^{-1}$ は、可観測標準（正準）形式(observable canonical form)、系（7．2．5）は可観測標準（正準）系と呼ばれる。

（7．2．5）式を要素表現すると

$$\begin{bmatrix} \dot{z}_1 \\ \dot{z}_2 \\ \vdots \\ \dot{z}_n \end{bmatrix} = \begin{bmatrix} 0 & \cdots & 0 & -a_0 \\ 1 & \ddots & \vdots & -a_1 \\ 0 & \ddots & \ddots & -a_2 \\ \vdots & & 0 & \vdots \\ 0 & \cdots & 0\ \ 1 & -a_{n-1} \end{bmatrix} \begin{bmatrix} z_1 \\ z_2 \\ \vdots \\ z_n \end{bmatrix} + \begin{bmatrix} \bar{b}_1 \\ \bar{b}_2 \\ \vdots \\ \bar{b}_n \end{bmatrix} u \tag{7.2.6}$$

$$y = [0 \cdots 0\ 1] \begin{bmatrix} z_1 \\ z_2 \\ \vdots \\ z_n \end{bmatrix} \tag{7.2.7}$$

となる。上式が成立することも簡単に説明しておく。

$$\bar{\boldsymbol{A}} = \boldsymbol{S}\boldsymbol{A}\boldsymbol{S}^{-1} = [\boldsymbol{W}\boldsymbol{U}_0]\boldsymbol{A}[\boldsymbol{W}\boldsymbol{U}_0]^{-1} = \boldsymbol{W}\boldsymbol{U}_0\boldsymbol{A}\boldsymbol{U}_0^{-1}\boldsymbol{W}^{-1} \tag{7.2.8}$$

より

$$\tilde{\boldsymbol{A}} = \boldsymbol{U}_0\boldsymbol{A}\boldsymbol{U}_0^{-1} \tag{7.2.9}$$

とおくと

$$\tilde{\boldsymbol{A}}\boldsymbol{U}_0 = \boldsymbol{U}_0\boldsymbol{A} \tag{7.2.10}$$

$$\tilde{\boldsymbol{A}} \begin{bmatrix} \boldsymbol{c} \\ \boldsymbol{c}\boldsymbol{A} \\ \boldsymbol{c}\boldsymbol{A}^2 \\ \vdots \\ \boldsymbol{c}\boldsymbol{A}^{n-1} \end{bmatrix} = \begin{bmatrix} \boldsymbol{c} \\ \boldsymbol{c}\boldsymbol{A} \\ \boldsymbol{c}\boldsymbol{A}^2 \\ \vdots \\ \boldsymbol{c}\boldsymbol{A}^{n-1} \end{bmatrix} \boldsymbol{A}$$

$$
=\begin{bmatrix} \boldsymbol{cA} \\ \boldsymbol{cA}^2 \\ \boldsymbol{cA}^3 \\ \vdots \\ \boldsymbol{cA}^n \end{bmatrix}
$$

Cayley-Hamiltonの定理より（7．1．11）式が成立することを考慮すると

$$
\widetilde{\boldsymbol{A}}=\begin{bmatrix} 0 & 1 & 0 & \cdots & 0 \\ \vdots & & \ddots & \ddots & \vdots \\ & & & & 0 \\ 0 & \cdots & & 0 & 1 \\ -a_0 & -a_1 & \cdots & & -a_{n-1} \end{bmatrix}
$$

となる。これより、（7．2．8）式は

$$
\bar{\boldsymbol{A}}=\boldsymbol{W}\widetilde{\boldsymbol{A}}\boldsymbol{W}^{-1} \qquad (7.\ 2.\ 11)
$$

$$
\bar{\boldsymbol{A}}\boldsymbol{W}=\boldsymbol{W}\widetilde{\boldsymbol{A}} \qquad (7.\ 2.\ 12)
$$

となる。この式が成立することは、直接次式を計算することによって確かめられる。

$$
\begin{bmatrix} 0 & \cdots & 0 & -a_0 \\ 1 & \ddots & \vdots & -a_1 \\ 0 & \ddots & \vdots & -a_2 \\ \vdots & \ddots & 0 & \\ 0 & \cdots\ 0 & 1 & -a_{n-1} \end{bmatrix}
\begin{bmatrix} a_1 & a_2 & \cdots & a_{n-1} & 1 \\ a_2 & & & \iddots & 0 \\ \vdots & & \iddots & \iddots & \vdots \\ a_{n-1} & \iddots & \iddots & & \vdots \\ 1 & 0 & \cdots & & 0 \end{bmatrix}
=
\begin{bmatrix} a_1 & a_2 & \cdots & a_{n-1} & 1 \\ a_2 & & & \iddots & 0 \\ \vdots & & \iddots & \iddots & \vdots \\ a_{n-1} & \iddots & \iddots & & \vdots \\ 1 & 0 & \cdots & & 0 \end{bmatrix}
\begin{bmatrix} 0 & 1 & 0 & \cdots & 0 \\ \vdots & & \ddots & \ddots & \vdots \\ & & & & 0 \\ 0 & \cdots & & 0 & 1 \\ -a_0 & -a_1 & \cdots & & -a_{n-1} \end{bmatrix}
$$

（7．2．13）

次に、可制御標準形式の$\widetilde{\boldsymbol{A}}$がVander monde行列によって対角化されることを示しておく。

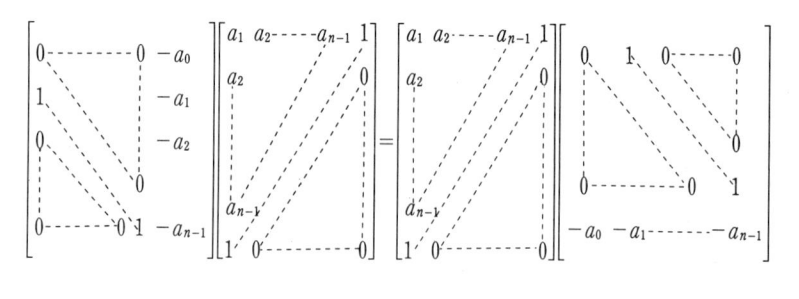

特性方程式を

$$s^n + a_{n-1}s^{n-1} + a_{n-2}s^{n-2} + \cdots + a_1 s + a_0 = 0 \qquad (7.2.14)$$

とし、相異なる特性根 $\{\lambda_1, \lambda_2, \cdots, \lambda_n\}$ を持つものとする。すなわち

$$\lambda_i^n + a_{n-1}\lambda_i^{n-1} + \cdots + a_1\lambda_i + a_0 = 0 \qquad (i = 1, 2, \cdots, n) \qquad (7.2.15)$$

が成立する。

Vander monde行列を $\boldsymbol{V}$、$\tilde{\boldsymbol{A}}$が対角化された行列を $\boldsymbol{\Lambda}$ とすると

$$\boldsymbol{V} = \begin{bmatrix} 1 & 1 & \cdots & 1 \\ \lambda_1 & \lambda_2 & \cdots & \lambda_n \\ \lambda_1^2 & \lambda_2^2 & \cdots & \lambda_n \\ \cdots & \cdots & \cdots & \cdots \\ \lambda_1^{n-1} & \lambda_2^{n-1} & \cdots & \lambda_n^{n-1} \end{bmatrix} \qquad \boldsymbol{\Lambda} = \begin{bmatrix} \lambda_1 & & & \boldsymbol{0} \\ & \lambda_2 & & \\ & & \ddots & \\ \boldsymbol{0} & & & \lambda_n \end{bmatrix} \qquad (7.2.16)$$

となるから

$$\boldsymbol{V}^{-1}\tilde{\boldsymbol{A}}\boldsymbol{V} = \boldsymbol{\Lambda}$$

$$\tilde{\boldsymbol{A}}\boldsymbol{V} = \boldsymbol{V}\boldsymbol{\Lambda} \qquad (7.2.17)$$

が成立することは、次式を直接計算することによって確かめられる。

$$\begin{bmatrix} 0 & 1 & 0 & \cdots & 0 \\ \vdots & \ddots & \ddots & \ddots & \vdots \\ \vdots & & \ddots & \ddots & 0 \\ 0 & \cdots & \cdots & 0 & 1 \\ -a_0 & -a_1 & & & -a_{n-1} \end{bmatrix} \begin{bmatrix} 1 & 1 & \cdots & 1 \\ \lambda_1 & \lambda_2 & \cdots & \lambda_n \\ \lambda_1^2 & \lambda_2^2 & \cdots & \lambda_n \\ \cdots & \cdots & \cdots & \cdots \\ \lambda_1^{n-1} & \lambda_2^{n-1} & \cdots & \lambda_n^{n-1} \end{bmatrix} = \begin{bmatrix} 1 & 1 & \cdots & 1 \\ \lambda_1 & \lambda_2 & \cdots & \lambda_n \\ \lambda_1^2 & \lambda_2^2 & \cdots & \lambda_n \\ \cdots & \cdots & \cdots & \cdots \\ \lambda_1^{n-1} & \lambda_2^{n-1} & \cdots & \lambda_n^{n-1} \end{bmatrix} \begin{bmatrix} \lambda_1 & & & \boldsymbol{0} \\ & \lambda_2 & & \\ & & \ddots & \\ \boldsymbol{0} & & & \lambda_n \end{bmatrix}$$

$$(7.2.18)$$

$$\begin{bmatrix} \lambda_1 & \lambda_2 \cdots\cdots & \lambda_n \\ \lambda_1^2 & \lambda_2^2 \cdots\cdots & \lambda_n^2 \\ \cdots & \cdots & \cdots \\ \lambda_1^{n-1} & \lambda_2^{n-1} \cdots\cdots & \lambda_n^{n-1} \\ -(a_0+a_1\lambda_1+\cdots+a_{n-1}\lambda_1^{n-1}) & -(a_0+a_1\lambda_2+\cdots+a_{n-1}\lambda_2^{n-1}) & -(a_0+a_1\lambda_n+\cdots+a_{n-1}\lambda_n^{n-1}) \end{bmatrix}$$

$$= \begin{bmatrix} \lambda_1 & \lambda_2 \cdots\cdots & \lambda_n \\ \lambda_1^2 & \lambda_2^2 \cdots\cdots & \lambda_n^2 \\ \cdots & \cdots & \cdots \\ \lambda_1^{n-1} & \lambda_2^{n-1} \cdots\cdots & \lambda_n^{n-1} \\ \lambda_1^n & \lambda_2^n \cdots\cdots & \lambda_n^n \end{bmatrix} \qquad (7.\ 2.\ 19)$$

（7．2．19）式のn行目（最後の行）は（7．2．15）式より成立することが分かる。

第８章　状態フィードバック制御

伝達関数法がシステム内部をブラックボックスにして、入出力特性のみで解析・設計をするのに対し、状態空間法はシステム内部の構造を解析し、その内部状態も情報信号として利用する方法である。ここでは目標値 $\boldsymbol{r}$ が一定である定値制御を考える。特に $\boldsymbol{r}=\boldsymbol{0}$ とおいて、レギュレータ問題（regulator problem）を取扱う。

８．１　線形レギュレータ

状態空間法における設計は、閉ループ系の安定化と過渡応答特性の改善を目指すレギュレータ問題と、定常特性の改善をも目指すサーボ問題に分けることができる。しかし、サーボ問題も目標値をステップ信号で変化させるものとし、サンプル点間は定値制御とみなし、レギュレータ問題に置き換えて設計する。レギュレータの設計には

(1)　極配置法による設計

(2)　最適フィードバックによる設計

などがある。

８．１．１　極配置によるレギュレータ

極配置法とは、３．３節で述べたように制御系伝達関数（行列）の極を複素平面の左半平面に配置して系を安定化する設計法であり、ここでは外乱などによって変動した状態量をもとの状態に戻す制御系を設計する。その場合、目標値 $\boldsymbol{r}=\boldsymbol{0}$ として、状態量の変動分が零（$t\to\infty$ で $\boldsymbol{x}(t)=\boldsymbol{0}$）となるように設計すればよい。すなわち、大域的漸近安定となる制御系を設計すればよいことになる。但し、ここで考えている外乱はインパルス状（付録C参照）の初期外乱で仮想

的なものであり、状態変数の初期値はこの外乱による初期変動量である。

制御対象の状態方程式を

$$\dot{\boldsymbol{x}}=\boldsymbol{A}\boldsymbol{x}+\boldsymbol{B}\boldsymbol{u},\ \boldsymbol{x}(0)=\boldsymbol{x}_0 \tag{8．1．1}$$

で記述する。系は可制御で、状態量はすべて測定可能とする。

この系に、状態フィードバック

$$\boldsymbol{u}=-\boldsymbol{f}^T\boldsymbol{x} \tag{8．1．2}$$

を施して、系を大域的漸近安定にするものとする。ここに、記号右上のTは転置を意味する。状態フィードバックをかけた閉ループ系は

$$\dot{\boldsymbol{x}}=(\boldsymbol{A}-\boldsymbol{B}\boldsymbol{f}^T)\boldsymbol{x} \tag{8．1．3}$$

で表わされ、その解 $\boldsymbol{x}(t)$ は

$$\boldsymbol{x}(t)=exp\{(\boldsymbol{A}-\boldsymbol{B}\boldsymbol{f}^T)t\}\boldsymbol{x}_0 \tag{8．1．4}$$

となる。これより、$\boldsymbol{A}-\boldsymbol{B}\boldsymbol{f}^T$ の固有値の実部が負であれば系は漸近安定になることが分かる。解が振動しないためには固有値を負の実数に選び、過渡応答速度を速くするには、特性根を複素左半平面で原点より遠い位置に配置すればよい。しかし、むやみにその絶対値を大きくすると系が高感度となり、振動を起こすことがある。

設計1．極配置法により設計する方法

（8．1．3）式から、閉ループ系の特性多項式を

$$|s\boldsymbol{I}_n-\boldsymbol{A}+\boldsymbol{B}\boldsymbol{f}^T|=s^n+b_{n-1}s^{n-1}+b_{n-2}s^{n-2}+\cdots+b_1s+b_0 \tag{8．1．5}$$

とし、極配置（この場合 $\boldsymbol{A}-\boldsymbol{B}\boldsymbol{f}^T$ の特性根）を $\{\lambda_1,\lambda_2,\cdots,\lambda_n\}$ とすると

$$(s-\lambda_1)(s-\lambda_2)\cdots(s-\lambda_n)=s^n+d_{n-1}s^{n-1}+d_{n-2}s^{n-2}+\cdots+d_1s+d_0 \tag{8．1．6}$$

となるから、（８．１．５）と（８．１．６）式での s の等冪の係数を等しくして、 $\boldsymbol{f}$ を決定する。

設計２．可制御標準形式に変換後、極配置法により設計する方法
１入出力(SISO)系を考え、状態方程式（８．１．１）を次のように書き改める。

$$\dot{\boldsymbol{x}}=\boldsymbol{A}\boldsymbol{x}+\boldsymbol{b}u \quad \boldsymbol{x}(0)=\boldsymbol{x}_0 \tag{8.1.7}$$

開ループ系、すなわち $\boldsymbol{A}$ の特性多項式を

$$|s\boldsymbol{I}_n-\boldsymbol{A}|=s^n+a_{n-1}s^{n-1}+\cdots+a_1s+a_0 \tag{8.1.8}$$

とすると、状態方程式（８．１．７）を可制御標準形式に変換する行列 $\boldsymbol{T}$ は（７．１．３）式より

$$\begin{aligned}\boldsymbol{T}&=\boldsymbol{U}_c\boldsymbol{W}\\ &=[\boldsymbol{b}\ \ \boldsymbol{A}\boldsymbol{b}\ \ \boldsymbol{A}^2\boldsymbol{b}\cdots\boldsymbol{A}^{n-1}\boldsymbol{b}]\begin{bmatrix} a_1 & a_2 & \cdots & a_{n-1} & 1\\ a_2 & & & & \\ \vdots & & & & \\ a_{n-1} & & & \boldsymbol{0} & \\ 1 & & & & \end{bmatrix}\end{aligned} \tag{8.1.9}$$

となる。
状態フィードバック $u=-\boldsymbol{f}^T\boldsymbol{x}$ を施した閉ループ系

$$\dot{\boldsymbol{x}}=(\boldsymbol{A}-\boldsymbol{b}\boldsymbol{f}^T)\boldsymbol{x} \tag{8.1.10}$$

の特性多項式は、 $\boldsymbol{A}-\boldsymbol{b}\boldsymbol{f}^T$ の特性根を $\{\lambda_1,\lambda_2,\cdots,\lambda_n\}$ として

$$\begin{aligned}|s\boldsymbol{I}_n-\boldsymbol{A}+\boldsymbol{b}\boldsymbol{f}^T|&=(s-\lambda_1)(s-\lambda_2)\cdots(s-\lambda_n)\\ &=s^n+d_{n-1}s^{n-1}+d_{n-2}s^{n-2}+\cdots+d_1s+d_0\end{aligned} \tag{8.1.11}$$

となる。

次に、$\boldsymbol{x}=\boldsymbol{Tz}$ なる変数変換をすると（8．1．10）式は

$$\dot{\boldsymbol{z}}=\boldsymbol{T}^{-1}(\boldsymbol{A}-\boldsymbol{bf}^T)\boldsymbol{Tz}=\boldsymbol{T}^{-1}\boldsymbol{ATz}-\boldsymbol{T}^{-1}\boldsymbol{b}\cdot\boldsymbol{f}^T\boldsymbol{Tz}$$

と書き改められ、後の等号で結ばれた2式を要素表現すると次式となる。

$$\begin{bmatrix} 0 & 1 & & \boldsymbol{0} \\ \vdots & \ddots & \ddots & \\ 0 & \cdots & 0 & 1 \\ -d_0 & -d_1 & -d_{n-2} & -d_{n-1} \end{bmatrix}\boldsymbol{z}=\begin{bmatrix} 0 & 1 & & \boldsymbol{0} \\ \vdots & \ddots & \ddots & \\ 0 & \cdots & 0 & 1 \\ -a_0 & -a_1 & -a_{n-2} & -a_{n-1} \end{bmatrix}\boldsymbol{z}-\begin{bmatrix} \boldsymbol{0} \\ \\ \boldsymbol{f}^T\boldsymbol{T} \end{bmatrix}\boldsymbol{z}$$

（8．1．12）

（8．1．12）式の最後の行（n 行目）に着目すると

$$\boldsymbol{f}^T\boldsymbol{T}=[(d_0-a_0)(d_1-a_1)\cdots(d_{n-1}-a_{n-1})] \qquad (8.1.13)$$

が成立する。これよりフィードバック係数行列 $\boldsymbol{f}$ は、

$$\boldsymbol{f}^T=[\,\tilde{d}_0\ \ \tilde{d}_1\cdots\tilde{d}_{n-1}]\boldsymbol{T}^{-1} \qquad (8.1.14)$$

$$\tilde{d}_i=d_i-a_i \quad i=0,1,2,\cdots,n-1$$

より求まる。

多入出力系も同様な方法で可制御標準系に変換して設計できるが、本書では言及しない。

[例題 12]

系が

$$\begin{cases} \dot{x}_1=x_1+u \\ \dot{x}_2=3x_1+2x_2 \end{cases} \qquad (8.1.15)$$

$$y=x_2 \qquad (8.1.16)$$

で表されるものとする。状態フィードバックを施して、特性根 $\{-3,-4\}$ を持つレギュレータを設計せよ。

［解１］設計２

$\boldsymbol{x}=[x_1\ \ x_2]^T$ とすると

$$\dot{\boldsymbol{x}}=\boldsymbol{A}\boldsymbol{x}+\boldsymbol{b}u \tag{8.1.17}$$

$$y=\boldsymbol{c}\boldsymbol{x} \tag{8.1.18}$$

$$\boldsymbol{A}=\begin{bmatrix}1 & 0\\ 3 & 2\end{bmatrix},\quad \boldsymbol{b}=\begin{bmatrix}1\\ 0\end{bmatrix},\quad \boldsymbol{c}=[0\ \ 1] \tag{8.1.19}$$

［開ループ系］

$$|s\boldsymbol{I}-\boldsymbol{A}|=\left|\begin{pmatrix}s & 0\\ 0 & s\end{pmatrix}-\begin{pmatrix}1 & 0\\ 3 & 2\end{pmatrix}\right|=\begin{vmatrix}s-1 & 0\\ -3 & s-2\end{vmatrix}=(s-1)(s-2)=s^2-3s+2=0 \tag{8.1.20}$$

特性根は {1,2} となり、開ループ系は不安定である。

［可制御性］

可制御行列 $\boldsymbol{U}_C$ は　　(8.1.21)

$$\boldsymbol{U}_C=[\boldsymbol{b}\ \ \boldsymbol{A}\boldsymbol{b}]=\begin{bmatrix}1 & 1\\ 0 & 3\end{bmatrix}$$

となり、$rank\boldsymbol{U}_C=2$ であるから、この系は可制御である。

［閉ループ系］

状態フィードバック f_1, f_2 を施したレギュレータを設計する。その構成を図８．１に示す。

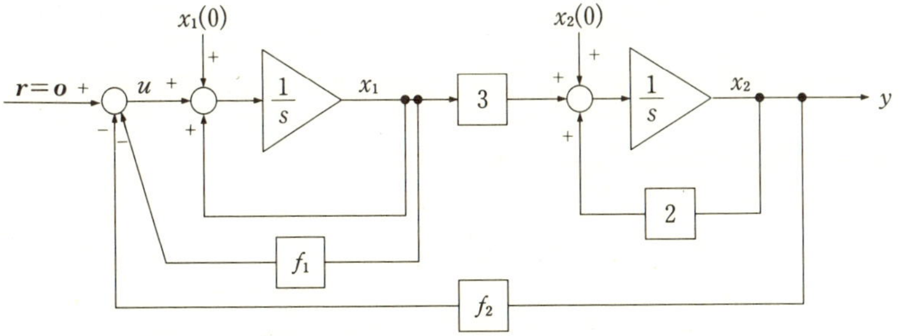

図８．１　極配置によるレギュレータ

系（8．1．17)（7．1．18）に状態フィードバック

$$u=-f_1x_1-f_2x_2=-\boldsymbol{f}^T\boldsymbol{x} \qquad (8.1.22)$$

を施すと

$$\dot{\boldsymbol{x}}=\boldsymbol{A}_f\boldsymbol{x} \qquad (8.1.23)$$

$$\boldsymbol{A}_f=\boldsymbol{A}-\boldsymbol{b}\boldsymbol{f}^T \qquad (8.1.24)$$

となる。

変換行列 $\boldsymbol{T}_c$ は

$$\boldsymbol{T}_c=\boldsymbol{U}_c\boldsymbol{W}$$

$$=\begin{bmatrix}1 & 1\\ 0 & 3\end{bmatrix}\begin{bmatrix}-3 & 1\\ 1 & 0\end{bmatrix}=\begin{bmatrix}-2 & 1\\ 3 & 0\end{bmatrix} \qquad (8.1.25)$$

であるから

$$\boldsymbol{T}_c^{-1}=-\frac{1}{3}\begin{bmatrix}0 & -1\\ -3 & -2\end{bmatrix} \qquad (8.1.26)$$

となる。

レギュレータの特性根を $\{-3,-4\}$ に配置するのであるから、その場合の特性多項式は

$$(s+3)(s+4)=s^2+7s+12 \qquad (8.1.27)$$

となり、フィードバック係数行列 $\boldsymbol{f}$ は（8．1．14)式より次のように決定される。

$$\boldsymbol{f}^T=[f_1\ \ f_2]=[(d_0-a_0)(d_1-a_1)]\,\boldsymbol{T}_c^{-1}$$

$$=[(12-2)(7+3)]\left(-\frac{1}{3}\right)\begin{bmatrix}0 & -1\\ -3 & -2\end{bmatrix}$$

$$=-\frac{1}{3}[10\ \ 10]\begin{bmatrix}0 & -1\\ -3 & -2\end{bmatrix}=-\frac{1}{3}[-30\ \ -30]=[10\ \ 10] \qquad (8.1.28)$$

［解2］設計1

制御対象が

$$\dot{\boldsymbol{x}}=\boldsymbol{A}\boldsymbol{x}+\boldsymbol{b}u \tag{8.1.29}$$

で表されるとき、系に状態フィードバック

$$u=-\boldsymbol{f}^T\boldsymbol{x} \tag{8.1.30}$$

を施すと、（8．1．29）式は

$$\dot{\boldsymbol{x}}=\boldsymbol{A}\boldsymbol{x}-\boldsymbol{b}\boldsymbol{f}^T\boldsymbol{x}=(\boldsymbol{A}-\boldsymbol{b}\boldsymbol{f}^T)\boldsymbol{x}$$

と表される。これより、特性多項式は

$$\begin{aligned}|s\boldsymbol{I}-\boldsymbol{A}+\boldsymbol{b}\boldsymbol{f}^T|&=\left|\begin{pmatrix}s&0\\0&s\end{pmatrix}-\begin{pmatrix}1&0\\3&2\end{pmatrix}+\begin{pmatrix}1\\0\end{pmatrix}(f_1\ \ f_2)\right|\\&=\begin{vmatrix}s-1+f_1&f_2\\-3&s-2\end{vmatrix}=(s-1+f_1)(s-2)+3f_2\\&=s^2+(-3+f_1)s+2-2f_1+3f_2\end{aligned} \tag{8.1.31}$$

特性根を $\{-3,-4\}$ にしたときの特性多項式は

$$(s+3)(s+4)=s^2+7s+12 \tag{8.1.32}$$

であるから（8．1．31）と（8．1．32）式の s の等冪の係数を等しいとおいて

$$\begin{cases}-3+f_1=7\\2-2f_1+3f_2=12\end{cases} \tag{8.1.33}$$

が得られる。これより

$$f_1=10,\ f_2=10 \tag{8.1.34}$$

を得る。

8．1．2　最適レギュレータ

制御対象が可制御であるならば、状態フィードバックによって安定化できることを前節で示した。R. E. Kalmanは制御対象の状態方程式が（8．1．1）式で表され、かつ可制御であるとき、制御入力 $\boldsymbol{u}$ を求める問題を、2次形式評価関数を最小にする最適制御則 $\boldsymbol{u}(\boldsymbol{x}(t))$ を求める問題に定式化した。Pontrjaginの最小原理では制御ベクトルに制限がある場合を扱っており、最適制御は許容制御ベクトルの範囲内で系を定式化するものである。しかるに、Kalmanによって定式化されたレギュレータ問題は $\boldsymbol{u}$ に制限がない場合の最適制御問題であり、古典変分法による最適制御ともいうべきものである。この $\boldsymbol{u}$ に制限のないことで評価関数を最小にすることができる。以下、古典変分法による最適制御問題について述べる。

最適制御（optimal control）とは評価関数を最小にする $\boldsymbol{u}_0(\boldsymbol{x}(t))$ でもって、制御対象の状態量を初期状態から終端状態まで移すことである。

定係数線形系を

$$\dot{\boldsymbol{x}}=\boldsymbol{A}\boldsymbol{x}+\boldsymbol{B}\boldsymbol{u}$$
$$\boldsymbol{y}=\boldsymbol{C}\boldsymbol{x} \qquad (8.1.34)$$

で表し、評価関数を

$$J=\frac{1}{2}\int_0^T(\boldsymbol{x}^T\boldsymbol{Q}\boldsymbol{x}+\boldsymbol{u}^T\boldsymbol{R}\boldsymbol{u})dt \qquad (8.1.35)$$

とおく。ここに $\boldsymbol{Q}$ は準正値対称行列 $(n\times n)$、$\boldsymbol{R}$ は正値対称行列 $(m\times m)$ である。

この場合、最適制御問題は（8．1．1）式の拘束条件のもとに、（8．1．35）式で表される評価関数を最小にする問題であるから、Lagrangeの未定乗数法を用いて解くことができる。すなわち

$$J_c=\int_0^T\left[\frac{1}{2}\boldsymbol{x}^T\boldsymbol{Q}\boldsymbol{x}+\frac{1}{2}\boldsymbol{u}^T\boldsymbol{R}\boldsymbol{u}+\boldsymbol{\Psi}^T(\boldsymbol{A}\boldsymbol{x}+\boldsymbol{B}\boldsymbol{u}-\dot{\boldsymbol{x}})\right]dt \qquad (8.1.36)$$

を最小にする最適制御則 $\boldsymbol{u}_0$ を求めるものとする。被積分関数をFとおいて

$$F=\frac{1}{2}\boldsymbol{x}^T\boldsymbol{Q}\boldsymbol{x}+\frac{1}{2}\boldsymbol{u}^T\boldsymbol{R}\boldsymbol{u}+\boldsymbol{\Psi}^T(\boldsymbol{A}\boldsymbol{x}+\boldsymbol{B}\boldsymbol{u}-\dot{\boldsymbol{x}}) \tag{8.1.37}$$

Eulerの方程式

$$\frac{d}{dt}\left(\frac{\partial F}{\partial \dot{\boldsymbol{x}}}\right)=\frac{\partial F}{\partial \boldsymbol{x}},\quad \frac{d}{dt}\left(\frac{\partial F}{\partial \dot{\boldsymbol{u}}}\right)=\frac{\partial F}{\partial \boldsymbol{u}} \tag{8.1.38}$$

を適用すると

$$-\dot{\boldsymbol{\Psi}}=\boldsymbol{Q}\boldsymbol{x}+\boldsymbol{A}^T\boldsymbol{\Psi} \tag{8.1.39}$$

$$\boldsymbol{R}\boldsymbol{u}+\boldsymbol{B}^T\boldsymbol{\Psi}=\boldsymbol{0} \tag{8.1.40}$$

（8．1．40）式より

$$\boldsymbol{u}_0=-\boldsymbol{R}^{-1}\boldsymbol{B}^T\boldsymbol{\Psi} \tag{8.1.41}$$

を得る。

次に $\boldsymbol{\Psi}=\boldsymbol{P}\boldsymbol{x}$ となることを示す。

評価関数 J_c を最小にする $\boldsymbol{u}_0$ を

$$\boldsymbol{u}_0=-\boldsymbol{K}\boldsymbol{x} \tag{8.1.42}$$

とおくと、（8．1．1）式は

$$\dot{\boldsymbol{x}}=(\boldsymbol{A}-\boldsymbol{B}\boldsymbol{K})\boldsymbol{x} \tag{8.1.43}$$

となり、（8．1．35)式の初期時刻を t としたときの $\min_{\boldsymbol{u}} J_c$ を $J_{c}min$ と書くと

$$J_{c}min=\frac{1}{2}\int_t^T \boldsymbol{x}^T(\boldsymbol{Q}+\boldsymbol{K}^T\boldsymbol{R}\boldsymbol{K})\boldsymbol{x}dt \tag{8.1.44}$$

となるから、$J_{c}min$ を t,T の関数と見做して $J_{c}min=\frac{1}{2}\boldsymbol{x}^T\boldsymbol{P}(t,T)\boldsymbol{x}$ と表すことができる。このことから、（8．1．36）式を

$$\int_t^T\left[\frac{1}{2}\boldsymbol{x}^T\boldsymbol{Q}\boldsymbol{x}+\frac{1}{2}\boldsymbol{u}_0{}^T\boldsymbol{R}\boldsymbol{u}_0+\boldsymbol{\Psi}^T(\boldsymbol{A}\boldsymbol{x}+\boldsymbol{B}\boldsymbol{u}_0-\dot{\boldsymbol{x}})\right]dt=\frac{1}{2}\boldsymbol{x}^T\boldsymbol{P}(t,T)\boldsymbol{x} \tag{8.1.45}$$

と書き改めることができる。以下、式が煩雑になるのを避けるため $\boldsymbol{P}(t,T)$ を $\boldsymbol{P}$ と記し、必要なときに、変数を書き入れることにする。
両辺を t で微分して

$$-\boldsymbol{x}^T\boldsymbol{Q}\boldsymbol{x}-\boldsymbol{u}_o{}^T\boldsymbol{R}\boldsymbol{u}_0-2\boldsymbol{\Psi}^T(\boldsymbol{A}\boldsymbol{x}+\boldsymbol{B}\boldsymbol{u}_0-\dot{\boldsymbol{x}})=\dot{\boldsymbol{x}}^T\boldsymbol{P}\boldsymbol{x}+\boldsymbol{x}^T\boldsymbol{P}\dot{\boldsymbol{x}}+\boldsymbol{x}^T\dot{\boldsymbol{P}}\boldsymbol{x} \tag{8.1.46}$$

さらに、$\dot{\boldsymbol{x}}$ で偏微分すると

$$\boldsymbol{\Psi}=\boldsymbol{P}\boldsymbol{x} \tag{8.1.47}$$

を得る。

（8．1．41）と（8．1．47）式より最適制御則は

$$\boldsymbol{u}_0=-\boldsymbol{R}^{-1}\boldsymbol{B}^T\boldsymbol{P}\boldsymbol{x} \tag{8.1.48}$$

で与えられる。しかし、$\boldsymbol{u}_0$ が決定されるためには $\boldsymbol{P}$ の値が求まらなければならないので、$\boldsymbol{P}$ を求める式を導く。
（8．1．1）と（8．1．48）式より

$$\dot{\boldsymbol{x}}=\boldsymbol{A}\boldsymbol{x}-\boldsymbol{B}\boldsymbol{R}^{-1}\boldsymbol{B}^T\boldsymbol{P}\boldsymbol{x} \tag{8.1.49}$$

（8．1．39）と（8．1．47）式より

$$-\dot{\boldsymbol{P}}\boldsymbol{x}-\boldsymbol{P}\dot{\boldsymbol{x}}=\boldsymbol{Q}\boldsymbol{x}+\boldsymbol{A}^T\boldsymbol{P}\boldsymbol{x} \tag{8.1.50}$$

（8．1．49）式の $\dot{\boldsymbol{x}}$ を（8．1．50）式に代入して

$$-\dot{\boldsymbol{P}}\boldsymbol{x}-\boldsymbol{P}(\boldsymbol{A}\boldsymbol{x}-\boldsymbol{B}\boldsymbol{R}^{-1}\boldsymbol{B}^T\boldsymbol{P}\boldsymbol{x})=\boldsymbol{Q}\boldsymbol{x}+\boldsymbol{A}^T\boldsymbol{P}\boldsymbol{x}$$
$$[\dot{\boldsymbol{P}}+\boldsymbol{P}\boldsymbol{A}+\boldsymbol{A}^T\boldsymbol{P}-\boldsymbol{P}\boldsymbol{B}\boldsymbol{R}^{-1}\boldsymbol{B}^T\boldsymbol{P}+\boldsymbol{Q}]\boldsymbol{x}=\boldsymbol{0}$$

上式が恒等的に成立するためには、次式が満足されなければならない。

$$\dot{\boldsymbol{P}}+\boldsymbol{P}\boldsymbol{A}+\boldsymbol{A}^T\boldsymbol{P}-\boldsymbol{P}\boldsymbol{B}\boldsymbol{R}^{-1}\boldsymbol{B}^T\boldsymbol{P}+\boldsymbol{Q}=\boldsymbol{0} \tag{8.1.51}$$

ここでは詳しい議論は除くが横断性の条件から $\boldsymbol{\Psi}(T)=\boldsymbol{0}$ でなければならな

い。(８．１．47) 式で、$\boldsymbol{x}(T)$ は指定されていないから、$\boldsymbol{P}(T,T)=\boldsymbol{0}$ でなければならない。(８．１．44) 式は、これを満たしている。そして、(８．１．51) 式を行列Riccati微分方程式という。

(８．１．45) 式は

$$-(\boldsymbol{x}^T\boldsymbol{Q}\boldsymbol{x}+\boldsymbol{u}_0{}^T\boldsymbol{R}\boldsymbol{u}_0)=\frac{\boldsymbol{d}}{\boldsymbol{dt}}(\boldsymbol{x}^T\boldsymbol{P}\boldsymbol{x}) \qquad (8.\ 1.\ 52)$$

と書けるから、両辺を $[0,T]$ で積分して、$\boldsymbol{P}(T,T)=\boldsymbol{0}$ を考慮すると

$$-\int_0^T(\boldsymbol{x}^T\boldsymbol{Q}\boldsymbol{x}+\boldsymbol{u}_0{}^T\boldsymbol{R}\boldsymbol{u}_0)dt=[\boldsymbol{x}^T\boldsymbol{P}(t,T)\boldsymbol{x}]_0^T=\boldsymbol{x}^T(T)\boldsymbol{P}(T,T)\boldsymbol{x}(T)-\boldsymbol{x}_0{}^T\boldsymbol{P}(0,T)\boldsymbol{x}_0$$

$$\int_0^T(\boldsymbol{x}^T\boldsymbol{Q}\boldsymbol{x}+\boldsymbol{u}_0{}^T\boldsymbol{R}\boldsymbol{u}_0)dt=\boldsymbol{x}_0{}^T\boldsymbol{P}(0,T)\boldsymbol{x}_0 \qquad (8.\ 1.\ 53)$$

となる。これより、(８．１．53) 式は、T の増加関数であることが分かる。また、$\boldsymbol{P}(0,T)$ は対称行列であることも分かる。

ここで $T\to\infty$ としたとき、

$$\int_0^\infty(\boldsymbol{x}^T\boldsymbol{Q}\boldsymbol{x}+\boldsymbol{u}_0{}^T\boldsymbol{R}\boldsymbol{u}_0)\boldsymbol{dt} \qquad (8.\ 1.\ 54)$$

は系が可制御であることより有界であるから、$T\to\infty$ で $\boldsymbol{P}(0,T)$ はある値に収束すると考えられる。従って、$\boldsymbol{P}(0,\infty)$ を $\boldsymbol{P}$ とおいて、Riccati方程式 (８．１．51) は

$$\boldsymbol{P}\boldsymbol{A}+\boldsymbol{A}^T\boldsymbol{P}-\boldsymbol{P}\boldsymbol{B}\boldsymbol{R}^{-1}\boldsymbol{B}^T\boldsymbol{P}+\boldsymbol{Q}=\boldsymbol{0} \qquad (8.\ 1.\ 55)$$

と書き改められ、この解 $\boldsymbol{P}$ を用いて最適制御則は

$$\boldsymbol{u}_0=-\boldsymbol{R}^{-1}\boldsymbol{B}^T\boldsymbol{P}\boldsymbol{x} \qquad (8.\ 1.\ 56)$$

で与えられる。

(８．１．55) 式の解 $\boldsymbol{P}$ を有本・Potter法で求めるものとする。

(８．１．39)、(８．１．47) と (８．１．49) 式より

$$\begin{aligned}\dot{\boldsymbol{x}}&=\boldsymbol{A}\boldsymbol{x}-\boldsymbol{B}\boldsymbol{R}^{-1}\boldsymbol{B}^T\boldsymbol{\Psi}\\ \dot{\boldsymbol{\Psi}}&=-\boldsymbol{Q}\boldsymbol{x}-\boldsymbol{A}^T\boldsymbol{\Psi}\end{aligned} \qquad (8.\ 1.\ 57)$$

これを行列で表わすと

$$\begin{bmatrix} \dot{\boldsymbol{x}} \\ \dot{\boldsymbol{\Psi}} \end{bmatrix} = \begin{bmatrix} \boldsymbol{A} & -\boldsymbol{B}\boldsymbol{R}^{-1}\boldsymbol{B}^T \\ -\boldsymbol{Q} & -\boldsymbol{A}^T \end{bmatrix} \begin{bmatrix} \boldsymbol{x} \\ \boldsymbol{\Psi} \end{bmatrix} = \boldsymbol{N} \begin{bmatrix} \boldsymbol{x} \\ \boldsymbol{\Psi} \end{bmatrix} \qquad (8.1.58)$$

となり、この$\boldsymbol{N}$をHamilton行列という。$\boldsymbol{N}$の $2n$ 個の固有値の中で実部が負であるものを $\lambda_i(i=1,2,\cdots,n)$ とし、対応する固有ベクトルを $[\boldsymbol{x}_i^T \ \ \boldsymbol{\Psi}_i^T]^T$ とすると

$$\lambda_i \begin{bmatrix} \boldsymbol{x}_i \\ \boldsymbol{\Psi}_i \end{bmatrix} = \boldsymbol{N} \begin{bmatrix} \boldsymbol{x}_i \\ \boldsymbol{\Psi}_i \end{bmatrix} \qquad (8.1.59)$$

また、(8．1．47) 式より

$$\boldsymbol{\Psi}_i = \boldsymbol{P}\boldsymbol{x}_i \qquad (8.1.60)$$

であるから、$\boldsymbol{x}_i$ を $\boldsymbol{v}_i$、$\boldsymbol{\Psi}_i$ を $\boldsymbol{u}_i$ で置き替えると、(8．1．59)と(8．1．60)式はそれぞれ

$$\lambda_i \begin{bmatrix} \boldsymbol{v}_i \\ \boldsymbol{u}_i \end{bmatrix} = \boldsymbol{N} \begin{bmatrix} \boldsymbol{v}_i \\ \boldsymbol{u}_i \end{bmatrix} \qquad (8.1.61)$$

$$\boldsymbol{u}_i = \boldsymbol{P}\boldsymbol{v}_i \qquad (8.1.62)$$

と書き改められる。ここで、負の固有値に対応する固有ベクトルについて

$$\boldsymbol{U} = [\boldsymbol{u}_1 \boldsymbol{u}_2 \cdots \boldsymbol{u}_n]$$
$$\boldsymbol{V} = [\boldsymbol{v}_1 \boldsymbol{v}_2 \cdots \boldsymbol{v}_n] \qquad (8.1.63)$$

とおくと、(8．1．62) 式より

$$\boldsymbol{U} = \boldsymbol{P}\boldsymbol{V} \qquad (8.1.64)$$

が得られるから、Riccati方程式の解$\boldsymbol{P}$は

$$\boldsymbol{P} = \boldsymbol{U}\boldsymbol{V}^{-1} \qquad (8.1.65)$$

で求められる。

次に（8．1．65）式で$\boldsymbol{P}$が求まることを示す。

まず$\boldsymbol{N}$の固有値が$\lambda_i(i=1,2,\cdots,n)$ならば、$-\lambda_i(i=1,2,\cdots,n)$も固有値であることを証明[16]する。

（8．1．58）式で$\boldsymbol{BR}^{-1}\boldsymbol{B}^T$を$\boldsymbol{W}$とおくと

$$\boldsymbol{N}=\begin{bmatrix}\boldsymbol{A} & -\boldsymbol{W}\\ -\boldsymbol{Q} & -\boldsymbol{A}^T\end{bmatrix} \qquad (8.1.66)$$

で表され、変換行列$\boldsymbol{T}$を

$$\boldsymbol{T}=\begin{bmatrix}\boldsymbol{0} & -\boldsymbol{I}\\ \boldsymbol{I} & \boldsymbol{0}\end{bmatrix} \qquad (8.1.67)$$

として

$$\boldsymbol{T}^{-1}\boldsymbol{NT}=\begin{bmatrix}\boldsymbol{0} & \boldsymbol{I}\\ -\boldsymbol{I} & \boldsymbol{0}\end{bmatrix}\begin{bmatrix}\boldsymbol{A} & -\boldsymbol{W}\\ -\boldsymbol{Q} & -\boldsymbol{A}^T\end{bmatrix}\begin{bmatrix}\boldsymbol{0} & -\boldsymbol{I}\\ \boldsymbol{I} & \boldsymbol{0}\end{bmatrix}$$
$$=-\begin{bmatrix}\boldsymbol{A}^T & -\boldsymbol{Q}\\ -\boldsymbol{W} & -\boldsymbol{A}\end{bmatrix}=-\begin{bmatrix}\boldsymbol{A}^T & -\boldsymbol{Q}^T\\ -\boldsymbol{W}^T & -\boldsymbol{A}\end{bmatrix}=-\boldsymbol{N}^T$$

$$|s\boldsymbol{I}-\boldsymbol{N}|=|\boldsymbol{T}^{-1}\{s\boldsymbol{I}-\boldsymbol{N}\}\boldsymbol{T}|=|s\boldsymbol{I}-\boldsymbol{T}^{-1}\boldsymbol{NT}|=|s\boldsymbol{I}+\boldsymbol{N}^T|=|s\boldsymbol{I}+\boldsymbol{N}|$$
$$=|-s\boldsymbol{I}-\boldsymbol{N}|=0 \qquad (8.1.68)$$

これより、$\boldsymbol{N}$の固有値がλ_iであれば、$-\lambda_i$も固有値であることが分かる。

$\boldsymbol{P}$が（8．1．65）式で求まる必要条件は（8．1．59）～（8．1．64）式で示されているから、次に十分条件を求める。

行列$\boldsymbol{N}$の固有値$\{\lambda_1,\lambda_2,\cdots,\lambda_n\}$は全て相異なるものとし、それを対角要素とする対角行列を$\boldsymbol{\Lambda}$で表すと

$$\boldsymbol{\Lambda}=\begin{bmatrix}\lambda_1 & & & \boldsymbol{0}\\ & \lambda_2 & & \\ & & \ddots & \\ \boldsymbol{0} & & & \lambda_n\end{bmatrix} \qquad (8.1.69)$$

となる。(8．1．59) 式は、$[\boldsymbol{V}^T\boldsymbol{U}^T]^T\boldsymbol{\Lambda}=\boldsymbol{N}[\boldsymbol{V}^T\boldsymbol{U}^T]^T$ と表されるから、これは次式のように書き改められる。

$$\begin{bmatrix}\boldsymbol{I}\\ \boldsymbol{P}\end{bmatrix}\boldsymbol{V}\boldsymbol{\Lambda}=\boldsymbol{N}\begin{bmatrix}\boldsymbol{I}\\ \boldsymbol{P}\end{bmatrix}\boldsymbol{V} \tag{8. 1. 70}$$

上式に左から $[-\boldsymbol{P}\ \ \boldsymbol{I}]$ を掛けると

$$\begin{aligned}\boldsymbol{0}&=[-\boldsymbol{P}\ \ \boldsymbol{I}]\boldsymbol{N}\begin{bmatrix}\boldsymbol{I}\\ \boldsymbol{P}\end{bmatrix}\boldsymbol{V}\\ &=[-\boldsymbol{P}\ \ \boldsymbol{I}]\begin{bmatrix}\boldsymbol{A} & -\boldsymbol{B}\boldsymbol{R}^{-1}\boldsymbol{B}^T\\ -\boldsymbol{Q} & -\boldsymbol{A}^T\end{bmatrix}\begin{bmatrix}\boldsymbol{I}\\ \boldsymbol{P}\end{bmatrix}\boldsymbol{V}\\ &=[-\boldsymbol{P}\boldsymbol{A}-\boldsymbol{Q}+\boldsymbol{P}\boldsymbol{B}\boldsymbol{R}^{-1}\boldsymbol{B}^T\boldsymbol{P}-\boldsymbol{A}^T\boldsymbol{P}]\boldsymbol{V}\end{aligned} \tag{8. 1. 71}$$

任意の $\boldsymbol{V}$ に対して、(8．1．71) 式が成立するための十分条件は、

$$\boldsymbol{P}\boldsymbol{A}+\boldsymbol{A}^T\boldsymbol{P}-\boldsymbol{P}\boldsymbol{B}\boldsymbol{R}^{-1}\boldsymbol{B}^T\boldsymbol{P}+\boldsymbol{Q}=\boldsymbol{0} \tag{8. 1. 55}$$

である。

これより (8．1．65) 式が $\boldsymbol{P}$ の解を求める必要十分条件であることが分かる。

次に、Hamiltonianを使った設計法と最適性の原理による設計法を附記しておく[8]。

［自由時間、固定端問題］

ここでは自由時間、固定端問題を取扱う。

終端拘束条件を

$$\boldsymbol{W}(\boldsymbol{x}(t_1),t_1)=\boldsymbol{0} \tag{8. 1. 72}$$

とし、制御 $\boldsymbol{u}(t)$ に対する拘束条件はないものとする。制御対象の状態方程式を

$$\dot{\boldsymbol{x}}=\boldsymbol{f}(\boldsymbol{x},\boldsymbol{u}) \tag{8. 1. 73}$$

とし、新たに補助変数ベクトル $\boldsymbol{\mu}=[\mu_1\cdots\mu_K]^T$ を導入して、評価関数を

$$J(\boldsymbol{x}(t_1),\boldsymbol{\lambda}(t_1),\boldsymbol{u}(t_1),t_1)=\boldsymbol{\mu}^T\boldsymbol{W}(\boldsymbol{x}(t_1),t_1)+\int_{t_0}^{t_1}[f_0(\boldsymbol{x},\boldsymbol{u},t)+\boldsymbol{\lambda}^T\{\boldsymbol{f}(\boldsymbol{x},\boldsymbol{u})-\dot{\boldsymbol{x}}\}]dt \tag{8.1.74}$$

と表す。そして、$\boldsymbol{x}$、$\boldsymbol{u}$を独立な関数、t_1 を独立な変数とみなしてJ を最小ならしめる問題を考える。

制御の変分 $\hat{\boldsymbol{u}}=\boldsymbol{u}+\varepsilon\delta\boldsymbol{u}$ を考え、それに対応する状態変数と時間の変分をそれぞれ $\hat{\boldsymbol{x}}=\boldsymbol{x}+\varepsilon\delta\boldsymbol{x}, \hat{t}=t+\varepsilon\delta t$ とおいて、評価関数J の第１変分

$$\delta J(\boldsymbol{x},\boldsymbol{u},t)=\lim_{\varepsilon\to 0}\frac{J(\hat{\boldsymbol{x}},\boldsymbol{\lambda},\hat{\boldsymbol{u}},\hat{t})-J(\boldsymbol{x},\boldsymbol{\lambda},\boldsymbol{u},t)}{\varepsilon} \tag{8.1.75}$$

を計算する。ただし $\delta\boldsymbol{x}(t_0)=\delta\boldsymbol{x}_0=\boldsymbol{0}$ とする。

Hamiltonianを

$$H(\boldsymbol{x},\boldsymbol{\lambda},\boldsymbol{u},t)=f_0(\boldsymbol{x},\boldsymbol{u},t)+\boldsymbol{\lambda}^T\boldsymbol{f}(\boldsymbol{x},\boldsymbol{u}) \tag{8.1.76}$$

とおくと

$$\begin{aligned}
J(\boldsymbol{x}(t_1),\boldsymbol{\lambda}(t_1),\boldsymbol{u}(t_1),t_1)&=\boldsymbol{\mu}^T\boldsymbol{W}(\boldsymbol{x}(t_1),t_1)+\int_{t_0}^{t_1}\{H(\boldsymbol{x},\boldsymbol{\lambda},\boldsymbol{u},t)-\boldsymbol{\lambda}^T\dot{\boldsymbol{x}}\}dt\\
&=\boldsymbol{\mu}^T\boldsymbol{W}(\boldsymbol{x}(t_1),t_1)+\int_{t_0}^{t_1}\{H(\boldsymbol{x},\boldsymbol{\lambda},\boldsymbol{u},t)+\dot{\boldsymbol{\lambda}}^T\boldsymbol{x}-\dot{\boldsymbol{\lambda}}^T\boldsymbol{x}-\boldsymbol{\lambda}^T\dot{\boldsymbol{x}}\}dt\\
&=\boldsymbol{\mu}^T\boldsymbol{W}(\boldsymbol{x}(t_1),t_1)+\int_{t_0}^{t_1}\{H(\boldsymbol{x},\boldsymbol{\lambda},\boldsymbol{u},t)+\dot{\boldsymbol{\lambda}}^T\boldsymbol{x}\}dt-[\boldsymbol{\lambda}^T\boldsymbol{x}]_{t_0}^{t_1}\\
&=\boldsymbol{\mu}^T\boldsymbol{W}(\boldsymbol{x}(t_1),t_1)+\int_{t_0}^{t_1}\{H(\boldsymbol{x},\boldsymbol{\lambda},\boldsymbol{u},t)+\dot{\boldsymbol{\lambda}}^T\boldsymbol{x}\}dt-\boldsymbol{\lambda}^T(t_1)\boldsymbol{x}(t_1)+\boldsymbol{\lambda}^T(t_0)\boldsymbol{x}(t_0)
\end{aligned} \tag{8.1.77}$$

となり、

$$J(\hat{\boldsymbol{x}}(t_1),\boldsymbol{\lambda}(t_1),\hat{\boldsymbol{u}}(t_1),\hat{t}_1)=\boldsymbol{\mu}^T\boldsymbol{W}(\hat{\boldsymbol{x}}(t_1),t_1)+\int_{t_0}^{t_1}\{H(\hat{\boldsymbol{x}},\boldsymbol{\lambda},\hat{\boldsymbol{u}},\hat{t})+\dot{\boldsymbol{\lambda}}^T\hat{\boldsymbol{x}}\}dt$$

$$-\boldsymbol{\lambda}^T(t_1)\hat{\boldsymbol{x}}(t_1)+\boldsymbol{\lambda}^T(t_0)\hat{\boldsymbol{x}}(t_0)$$

$$=\boldsymbol{\mu}^T\boldsymbol{W}(\boldsymbol{x}(t_1)+\varepsilon\delta\boldsymbol{x}(t_1),t_1+\varepsilon\delta t_1)+\int_{t_0}^{t_1}\{H(\boldsymbol{x}+\varepsilon\delta\boldsymbol{x},\boldsymbol{\lambda},\boldsymbol{u}+\varepsilon\delta\boldsymbol{u},t+\varepsilon\delta t)$$
$$+\dot{\boldsymbol{\lambda}}^T(\boldsymbol{x}+\varepsilon\delta\boldsymbol{x})\}dt-\boldsymbol{\lambda}^T(t_1)(\boldsymbol{x}(t_1)+\varepsilon\delta\boldsymbol{x}(t_1))+\boldsymbol{\lambda}^T(t_0)(\boldsymbol{x}(t_0)+\varepsilon\delta\boldsymbol{x}(t_0)) \tag{8.1.78}$$

$$\delta J=\boldsymbol{\mu}^T\frac{\partial\boldsymbol{W}}{\partial\boldsymbol{x}^T}\bigg|_{t=t_1}\delta\boldsymbol{x}(t_1)+\boldsymbol{\mu}^T\frac{\partial\boldsymbol{W}}{\partial t}\bigg|_{t=t_1}\delta t_1$$
$$+\int_{t_0}^{t_1}\left\{\frac{\partial H}{\partial\boldsymbol{x}^T}\delta\boldsymbol{x}+\frac{\partial H}{\partial\boldsymbol{u}^T}\delta\boldsymbol{u}+\frac{\partial H}{\partial t}\delta t+\dot{\boldsymbol{\lambda}}^T\delta\boldsymbol{x}\right\}dt$$
$$-\boldsymbol{\lambda}^T(t_1)\delta\boldsymbol{x}(t_1)+\boldsymbol{\lambda}^T(t_0)\delta\boldsymbol{x}(t_0)$$
$$=\boldsymbol{\mu}^T\frac{\partial\boldsymbol{W}(\boldsymbol{x}(t_1),t_1)}{\partial\boldsymbol{x}^T}\delta\boldsymbol{x}(t_1)+\boldsymbol{\mu}^T\frac{\partial\boldsymbol{W}(\boldsymbol{x}(t_1),t_1)}{\partial t}\delta t_1$$
$$+\int_{t_0}^{t_1}\left\{\frac{\partial H}{\partial\boldsymbol{x}^T}\delta\boldsymbol{x}+\frac{\partial H}{\partial\boldsymbol{u}^T}\delta\boldsymbol{u}+\dot{\boldsymbol{\lambda}}^T\delta\boldsymbol{x}\right\}dt$$
$$+\int_{t_0}^{t_1}\frac{\partial H}{\partial t}\delta t dt-\boldsymbol{\lambda}^T(t_1)\delta\boldsymbol{x}(t_1)$$
$$=\boldsymbol{\mu}^T\frac{\partial\boldsymbol{W}(\boldsymbol{x}(t_1),t_1)}{\partial\boldsymbol{x}^T}\delta\boldsymbol{x}(t_1)+\boldsymbol{\mu}^T\frac{\partial\boldsymbol{W}(\boldsymbol{x}(t_1),t_1)}{\partial t}\delta t_1$$
$$+\int_{t_0}^{t_1}\left[\left(\frac{\partial H}{\partial\boldsymbol{x}^T}+\dot{\boldsymbol{\lambda}}^T\right)\delta\boldsymbol{x}+\frac{\partial H}{\partial\boldsymbol{u}^T}\delta\boldsymbol{u}\right]dt$$
$$+H(\boldsymbol{x}(t_1),\boldsymbol{\lambda}(t_1),\boldsymbol{u}(t_1),t_1)\delta t_1-\boldsymbol{\lambda}^T(t_1)\delta\boldsymbol{x}(t_1)$$
$$=\left(\boldsymbol{\mu}^T\frac{\partial\boldsymbol{W}(\boldsymbol{x}(t_1),t_1)}{\partial\boldsymbol{x}^T}-\boldsymbol{\lambda}^T(t_1)\right)\delta\boldsymbol{x}(t_1)$$
$$+\left(\boldsymbol{\mu}^T\frac{\partial\boldsymbol{W}(\boldsymbol{x}(t_1),t_1)}{\partial t}+H(\boldsymbol{x}(t_1),\boldsymbol{\lambda}(t_1),\boldsymbol{u}(t_1),t_1)\right)\delta t_1$$
$$+\int_{t_0}^{t_1}\left[\left(\frac{\partial H}{\partial\boldsymbol{x}^T}+\dot{\boldsymbol{\lambda}}^T\right)\delta\boldsymbol{x}+\frac{\partial H}{\partial\boldsymbol{u}^T}\delta\boldsymbol{u}\right]dt \tag{8.1.79}$$

$J(\boldsymbol{x}(t_1),\boldsymbol{u}(t_1),t_1)$ が最小となるためには $\delta J=0$ とならなければならないから、次の必要条件を得る。

$$\boldsymbol{\lambda}^T(t_1)=\boldsymbol{\mu}^T\frac{\partial \boldsymbol{W}(\boldsymbol{x}(t_1),t_1)}{\partial \boldsymbol{x}^T} \tag{8. 1. 80}$$

$$H(\boldsymbol{x}(t_1),\boldsymbol{\lambda}(t_1),\boldsymbol{u}(t_1),t_1)=-\boldsymbol{\mu}^T\frac{\partial \boldsymbol{W}(\boldsymbol{x}(t_1),t_1)}{\partial t} \tag{8. 1. 81}$$

$$\dot{\boldsymbol{\lambda}}(t)=-\frac{\partial H(\boldsymbol{x}(t),\boldsymbol{\lambda}(t),\boldsymbol{u}^*(t),t)}{\partial \boldsymbol{x}^T} \tag{8. 1. 82}$$

$$\frac{\partial H(\boldsymbol{x}(t),\boldsymbol{\lambda}(t),\boldsymbol{u}(t),t)}{\partial \boldsymbol{u}(t)}=\boldsymbol{0} \tag{8. 1. 83}$$

また（8．1．76）式より

$$\frac{\partial H(\boldsymbol{x}(t),\boldsymbol{\lambda}(t),\boldsymbol{u}^*(t),t)}{\partial \boldsymbol{\lambda}(t)}=\boldsymbol{f}(\boldsymbol{x},\boldsymbol{u})=\dot{\boldsymbol{x}}(t) \tag{8. 1. 84}$$

を得る。（8．1．82）、（8．1．84）式は正準方程式である。
終端拘束条件のない場合は（8．1．80）、（8．1．81）式より

$$\boldsymbol{\lambda}(t_1)=\boldsymbol{0} \tag{8. 1. 85}$$

$$H(\boldsymbol{x}(t_1),\boldsymbol{\lambda}(t_1),\boldsymbol{u}(t_1),t_1)=0 \tag{8. 1. 86}$$

となることが分かる。

［固定時間、自由端問題］

時間 t_1 が固定され、$\boldsymbol{x}(t_1)$ が自由端である場合を考慮する。時間 t_1 に関する評価関数を $\sigma(\boldsymbol{x}(t_1),t_1)$ とおくと系の評価関数 J は

$$J(\boldsymbol{x}(t_1),\boldsymbol{u}(t_1))=\sigma(\boldsymbol{x}(t_1),t_1)+\int_{t_0}^{t_1}[f_0(\boldsymbol{x}(t),\boldsymbol{u}(t),t)$$

$$+\boldsymbol{\lambda}^T(t)\{\boldsymbol{f}(\boldsymbol{x}(t),\boldsymbol{u}(t))-\dot{\boldsymbol{x}}(t)\}]dt \tag{8. 1. 87}$$

と表される。ここでHamiltonianを

$$H(\boldsymbol{x}(t),\boldsymbol{\lambda}(t),\boldsymbol{u}(t),t)=f_0(\boldsymbol{x}(t),\boldsymbol{u}(t),t)+\boldsymbol{\lambda}^T(t)\boldsymbol{f}(\boldsymbol{x}(t),\boldsymbol{u}(t)) \tag{8. 1. 88}$$

とおくと（8．1．87）式は次式のように書き改められる。

$$J(\boldsymbol{x}(t_1),\boldsymbol{u}(t_1))=\sigma(\boldsymbol{x}(t_1),t_1)+\int_{t_0}^{t_1}[H(\boldsymbol{x}(t),\boldsymbol{\lambda}(t),\boldsymbol{u}(t),t)-\boldsymbol{\lambda}^T(t)\dot{\boldsymbol{x}}(t)]dt$$

$$=\sigma(\boldsymbol{x}(t_1),t_1)+\int_{t_0}^{t_1}[H(\boldsymbol{x}(t),\boldsymbol{\lambda}(t),\boldsymbol{u}(t),t)$$

$$+\dot{\boldsymbol{\lambda}}^T(t)\boldsymbol{x}(t)-\dot{\boldsymbol{\lambda}}^T(t)\boldsymbol{x}(t)-\boldsymbol{\lambda}(t)\dot{\boldsymbol{x}}(t)]dt$$

$$=\sigma(\boldsymbol{x}(t_1),t_1)+\int_{t_0}^{t_1}[H(\boldsymbol{x}(t),\boldsymbol{\lambda}(t),\boldsymbol{u}(t),t)+\dot{\boldsymbol{\lambda}}^T(t)\boldsymbol{x}(t)]dt-[\boldsymbol{\lambda}^T(t)\boldsymbol{x}(t)]_{t_0}^{t_1}$$

$$=\sigma(\boldsymbol{x}(t_1),t_1)+\int_{t_0}^{t_1}[H(\boldsymbol{x}(t),\boldsymbol{\lambda}(t),\boldsymbol{u}(t),t)+\dot{\boldsymbol{\lambda}}^T(t)\boldsymbol{x}(t)]dt$$

$$-\boldsymbol{\lambda}(t_1)\boldsymbol{x}(t_1)+\boldsymbol{\lambda}(t_0)\boldsymbol{x}(t_0) \qquad (8.1.89)$$

そして、J の変分は

$$J(\hat{\boldsymbol{x}}(t_1),\boldsymbol{u}(t_1))=\sigma(\hat{\boldsymbol{x}}(t_1),t_1)+\int_{t_0}^{t_1}[H(\hat{\boldsymbol{x}}(t),\boldsymbol{\lambda}(t),\hat{\boldsymbol{u}}(t),t)+\dot{\boldsymbol{\lambda}}^T(t)\hat{\boldsymbol{x}}(t)]dt$$

$$-\boldsymbol{\lambda}^T(t_1)\hat{\boldsymbol{x}}(t_1)+\boldsymbol{\lambda}^T(t_0)\hat{\boldsymbol{x}}(t_0) \qquad (8.1.90)$$

なることより、$\delta\boldsymbol{x}(t_0)=\boldsymbol{0}$ として

$$\delta J(\boldsymbol{x}(t_1),\boldsymbol{u}(t_1))=\frac{\partial\sigma}{\partial\boldsymbol{x}^T}\delta\boldsymbol{x}\bigg|_{t=t_1}+\int_{t_0}^{t_1}\left[\frac{\partial H}{\partial\boldsymbol{x}^T}\delta\boldsymbol{x}+\frac{\partial H}{\partial\boldsymbol{u}^T}\delta\boldsymbol{u}+\dot{\boldsymbol{\lambda}}^T\delta\boldsymbol{x}\right]dt$$

$$-\boldsymbol{\lambda}^T(t_1)\delta\boldsymbol{x}(t_1)+\boldsymbol{\lambda}^T(t_0)\delta\boldsymbol{x}(t_0)$$

$$=\left(\frac{\partial\sigma(\boldsymbol{x}(t_1),t_1)}{\partial\boldsymbol{x}^T}-\boldsymbol{\lambda}^T(t_1)\right)\delta\boldsymbol{x}(t_1)+\int_{t_0}^{t_1}\left[\left(\frac{\partial H}{\partial\boldsymbol{x}^T}+\dot{\boldsymbol{\lambda}}^T\right)\delta\boldsymbol{x}+\frac{\partial H}{\partial\boldsymbol{u}^T}\delta\boldsymbol{u}\right]dt \qquad (8.1.91)$$

となる。J を最小にするには δJ が零にならなければならないから、次の必要条件を得る。

$$\boldsymbol{\lambda}^T(t_1)=\frac{\partial\sigma(\boldsymbol{x}(t_1),t_1)}{\partial\boldsymbol{x}^T} \qquad (8.1.92)$$

$$\dot{\boldsymbol{\lambda}}(t)=-\frac{\partial H(\boldsymbol{x}(t),\boldsymbol{\lambda}(t),\boldsymbol{u}^*(t),t)}{\partial\boldsymbol{x}} \qquad (8.1.93)$$

$$\frac{\partial H}{\partial \boldsymbol{u}}=\boldsymbol{0} \qquad (8.1.94)$$

また（８．１．88）式より

$$\dot{\boldsymbol{x}}(t)=\frac{\partial H(\boldsymbol{x}(t),\boldsymbol{\lambda}(t),\boldsymbol{u}(t),t)}{\partial \boldsymbol{\lambda}(t)} \qquad (8.1.95)$$

が得られる。

次にHを時間微分すると

$$\frac{d}{dt}H(\boldsymbol{x},\boldsymbol{\lambda},\boldsymbol{u},t)=\frac{\partial H}{\partial \boldsymbol{x}^T}\frac{d\boldsymbol{x}}{dt}+\frac{\partial H}{\partial \boldsymbol{\lambda}^T}\frac{d\boldsymbol{\lambda}}{dt}+\frac{\partial H}{\partial \boldsymbol{u}^T}\frac{d\boldsymbol{u}}{dt}+\frac{\partial H}{\partial t} \qquad (8.1.96)$$

となり、（８．１．93）、（８．１．94）そして（８．１．95）式を考慮して

$$\frac{d}{dt}H=\frac{\partial}{\partial t}H \qquad (8.1.97)$$

を得る。これよりH関数が時間tを陽に含まない場合は、Hは一定となることが分かる。

最適性の原理

制御対象の状態方程式を

$$\dot{\boldsymbol{x}}(t)=\boldsymbol{f}(\boldsymbol{x}(t),\boldsymbol{u}(t)) \qquad (8.1.98)$$

評価関数を

$$J(\boldsymbol{x}_0,\boldsymbol{u}(\tau),t_0)=\int_{t_0}^{T} f_0(\boldsymbol{x}(\tau),\boldsymbol{u}(\tau),\tau)d\tau \qquad (8.1.99)$$

とおく。ここに、$\boldsymbol{x}_0=\boldsymbol{x}(t_0)$、$\boldsymbol{u}_0=\boldsymbol{u}(t_0)$を意味する。

$\underset{\boldsymbol{u}}{min}\ J(\boldsymbol{x}_0,\boldsymbol{u}(\tau),t_0)$を$J(\boldsymbol{x}_0,\boldsymbol{u}^*(\tau),t_0)$と表すと、これは$\boldsymbol{x}_0$、$t_0$の関数であるから$v$を$v$関数として

$$J(\boldsymbol{x}_0,\boldsymbol{u}^*(\tau),t_0)=v(\boldsymbol{x}_0,t_0) \qquad (8.1.100)$$

が成立する。

（８．１．99）式より

$$J(\boldsymbol{x}_0,\boldsymbol{u}^*(\tau),t_0)=\int_{t_0}^{t_0+\Delta t} f_0(\boldsymbol{x}(\tau),\boldsymbol{u}^*(\tau),\tau)d\tau+\int_{t_0+\Delta t}^{T} f_0(\boldsymbol{x}(\tau),\boldsymbol{u}^*(\tau),\tau)d\tau$$

$$=f_0(\boldsymbol{x}_0,\boldsymbol{u}^*{}_0,t_0)\Delta t+J(\boldsymbol{x}_0+\Delta\boldsymbol{x},\boldsymbol{u}^*(\tau'),t_0+\Delta t) \quad (8.1.101)$$

ここに、τ は $[t_0\sim T]$, τ' は $[t_0+\Delta t\sim T]$ までの値をとるものとする。これを（8．1．100）式を用いて表すと

$$v(\boldsymbol{x}_0,t_0)=f_0(\boldsymbol{x}_0,\boldsymbol{u}^*{}_0,t_0)\Delta t+v(\boldsymbol{x}_0+\Delta\boldsymbol{x},t_0+\Delta t) \quad (8.1.102)$$

となる。これをTaylor展開して

$$v(\boldsymbol{x}_0,t_0)=f_0(\boldsymbol{x}_0,\boldsymbol{u}^*{}_0,t_0)\Delta t+v(\boldsymbol{x}_0,t_0)$$

$$+\frac{\partial v(\boldsymbol{x},t)}{\partial \boldsymbol{x}^T}\frac{d\boldsymbol{x}}{dt}\bigg|_{\substack{x=x_0\\t=t_0}}\Delta t+\frac{\partial v(\boldsymbol{x},t)}{\partial t}\bigg|_{\substack{x=x_0\\t=t_0}}\Delta t+0(\Delta t) \quad (8.1.103)$$

となり、$0(\Delta t)$ は Δt の２次以上の項よりなる。これより次の式が導かれる。

$$f_0(\boldsymbol{x}_0,\boldsymbol{u}^*{}_0,t_0)+\frac{\partial v(\boldsymbol{x}_0,t_0)}{\partial \boldsymbol{x}^T}f(\boldsymbol{x}_0,\boldsymbol{u}^*{}_0)+\frac{\partial v(\boldsymbol{x}_0,t_0)}{\partial t}+0'(\Delta t)=0 \quad (8.1.104)$$

ここに $0'(\Delta t)$ は Δt の１次以上の項よりなる。$\Delta t\to 0$ とすると

$$-\frac{\partial v(\boldsymbol{x}_0,t_0)}{\partial t}=f_0(\boldsymbol{x}_0,\boldsymbol{u}^*{}_0,t_0)+\frac{\partial v(\boldsymbol{x}_0,t_0)}{\partial \boldsymbol{x}^T}f(\boldsymbol{x}_0,\boldsymbol{u}_0^*) \quad (8.1.105)$$

を得る。しかるに、$(\boldsymbol{x}_0,t_0)$ を任意の点 $(\boldsymbol{x},t)$ にとっても上記の議論は成立するので、$\boldsymbol{x}_0$ を $\boldsymbol{x}$, t_0 を t と書き改めると（8．1．105）式は

$$-\frac{\partial v(\boldsymbol{x},t)}{\partial t}=f_0(\boldsymbol{x},\boldsymbol{u}^*,t)+\frac{\partial v(\boldsymbol{x},t)}{\partial \boldsymbol{x}^T}\boldsymbol{f}(\boldsymbol{x},\boldsymbol{u}^*) \quad (8.1.106)$$

となる。ここで

$$\frac{\partial v(\boldsymbol{x},t)}{\partial \boldsymbol{x}^T}=\boldsymbol{\lambda}^T \quad (8.1.107)$$

とおいて、Hamiltonianを

$$H(\boldsymbol{x},\boldsymbol{\lambda},\boldsymbol{u},t)=f_0(\boldsymbol{x},\boldsymbol{u},t)+\boldsymbol{\lambda}^T(t)\boldsymbol{f}(\boldsymbol{x},\boldsymbol{u}) \quad (8.1.108)$$

とおくと（8．1．106）式は

$$-\frac{\partial v(\boldsymbol{x},t)}{\partial t}=H(\boldsymbol{x},\boldsymbol{\lambda},\boldsymbol{u}^*,t) \tag{8.1.109}$$

と書き改められ、Hamilton-Jacobiの偏微分方程式を得る。
次にH関数が時間 t を陽に含まない場合、すなわち $\partial H/\partial t$ が零の場合は

$$H(\boldsymbol{x}(t),\boldsymbol{\lambda}(t),\boldsymbol{u}(t))=f_0(\boldsymbol{x}(t),\boldsymbol{u}(t))+\boldsymbol{\lambda}^T(t)\boldsymbol{f}(\boldsymbol{x}(t),\boldsymbol{u}(t))=const \tag{8.1.110}$$

であるから

$$\begin{aligned}\frac{dH}{dt}&=\frac{\partial f_0}{\partial \boldsymbol{x}^T}\frac{d\boldsymbol{x}}{dt}+\frac{\partial f_0}{\partial \boldsymbol{u}^T}\frac{d\boldsymbol{u}}{dt}+\frac{d\boldsymbol{\lambda}^T}{dt}\boldsymbol{f}+\boldsymbol{\lambda}^T\left\{\frac{\partial \boldsymbol{f}}{\partial \boldsymbol{x}^T}\frac{d\boldsymbol{x}}{dt}+\frac{\partial \boldsymbol{f}}{\partial \boldsymbol{u}^T}\frac{d\boldsymbol{u}}{dt}\right\}\\&=\left\{\frac{\partial f_0}{\partial \boldsymbol{x}^T}+\boldsymbol{\lambda}^T\frac{\partial \boldsymbol{f}}{\partial \boldsymbol{x}^T}+\frac{d\boldsymbol{\lambda}^T}{dt}\right\}\frac{d\boldsymbol{x}}{dt}+\left\{\frac{\partial f_0}{\partial \boldsymbol{u}^T}+\boldsymbol{\lambda}^T\frac{\partial \boldsymbol{f}}{\partial \boldsymbol{u}^T}\right\}\frac{d\boldsymbol{u}}{dt}\\&=\left\{\frac{\partial H}{\partial \boldsymbol{x}^T}+\dot{\boldsymbol{\lambda}}^T\right\}\dot{\boldsymbol{x}}+\frac{\partial H}{\partial \boldsymbol{u}^T}\dot{\boldsymbol{u}}=0\end{aligned} \tag{8.1.111}$$

となる。この恒等式が成立するためには

$$\dot{\boldsymbol{\lambda}}=-\frac{\partial H}{\partial \boldsymbol{x}} \tag{8.1.112}$$

$$\frac{\partial H}{\partial \boldsymbol{u}}=\boldsymbol{0} \tag{8.1.113}$$

でなければならない。また、(8．1．108) 式より

$$\frac{\partial H}{\partial \boldsymbol{\lambda}}=\boldsymbol{f}(\boldsymbol{x},\boldsymbol{u})=\dot{\boldsymbol{x}} \tag{8.1.114}$$

が導かれ、(8．1．112)，(8．1．114)式は正準方程式と呼ばれるものである。

以上、最適解が存在するための必要条件を導いたが、それが十分条件となるためには最適制御則の存在性と一意性が言えればよい。最適解の存在条件は可到達集合がコンパクト集合であればよい。理由はWeierstrassの定理より、その上で定義された実数値連続関数は最大値、最小値をとるので、評価関数を最小にするような最適な制御 $\boldsymbol{u}^*$ が存在することによる。

可到達集合 $\boldsymbol{R}(t_1)$ がコンパクトであるためには状態方程式を $\dot{\boldsymbol{x}}=\boldsymbol{f}(\boldsymbol{x})+\boldsymbol{Bu}$ で表した場合次の条件が成立すればよい。

(1) $\boldsymbol{f}, \partial\boldsymbol{f}/\partial\boldsymbol{x}$ は連続

(2) $\boldsymbol{f}(\boldsymbol{x})\leqq k\boldsymbol{x}$ が成立するような定数 k が存在する。

(3) $\boldsymbol{u}\in\Omega$（Ωはコンパクト集合）

証明　可到達集合 $\boldsymbol{R}(t_1)$ がコンパクトであること、すなわち $\boldsymbol{R}^d$ で閉で有界であることを証明するためには $\boldsymbol{R}(t_1)$ 中の全点列 $\boldsymbol{x}_1(t_1),\cdots\cdots,\boldsymbol{x}_i(t_1),\cdots\cdots$ が $\boldsymbol{R}(t_1)$ 中のある極限点 $\boldsymbol{x}(t_1)$ に収束することを示せばよい(4)。$t_0\leqq t\leqq t_1$ で $\boldsymbol{i}=1,2,3,\cdots\cdots$ について $\boldsymbol{u}_i(t)\in\Omega$ に対応する $\boldsymbol{x}_i(t)$ の収束性について考慮する。

制御対象の状態方程式が

$$\dot{\boldsymbol{x}}_i=\boldsymbol{f}(\boldsymbol{x}_i)+\boldsymbol{Bu}_i \qquad (8.1.115)$$

と表される場合、$\boldsymbol{f}(\boldsymbol{x}_i)\leqq k\boldsymbol{x}_i$ なることより

$$\boldsymbol{x}_i(t)\leqq\boldsymbol{x}_i(t_0)e^{k(t-t_0)}+e^{kt}\int_{t_0}^{t}e^{-k\tau}\boldsymbol{B}(\tau)\boldsymbol{u}_i(\tau)d\tau \qquad (8.1.116)$$

となる。これより $\boldsymbol{x}_i(t_1)$ は連続であり、Ωがコンパクト集合であることより $\{\boldsymbol{x}_i(t_1)\}$ は有界であることが分かる。

一意性については実汎関数 $J(\boldsymbol{x},\boldsymbol{u})$ が凸な連続関数で，$\|\boldsymbol{u}\|\to\infty$ で $J(\boldsymbol{x},\boldsymbol{u})\to\infty$ となるとき、$J(\boldsymbol{x},\boldsymbol{u})$ を最小にする $\boldsymbol{u}\in\Omega$ が一意に存在(5)することが知られている。

証明　いま、評価関数 J を最小にする制御入力が $\boldsymbol{u}^*$ と $\boldsymbol{v}^*$ の 2 つあったとする。すなわち $J(\boldsymbol{x},\boldsymbol{u}^*)=J(\boldsymbol{x},\boldsymbol{v}^*), \boldsymbol{u}^*\neq\boldsymbol{v}^*$ であるとする。J が凸関数であることより

$$J(\boldsymbol{x},S\boldsymbol{u}^*+(1-S)\boldsymbol{v}^*)<SJ(\boldsymbol{x},\boldsymbol{u}^*)+(1-S)J(\boldsymbol{x},\boldsymbol{v}^*)=J(\boldsymbol{x},\boldsymbol{u}^*) \quad (0\leqq S\leqq 1) \qquad (8.1.117)$$

となり、$J(\boldsymbol{x},\boldsymbol{u}^*)$ が最小であるという仮定に反する。従って $\boldsymbol{u}^*=\boldsymbol{v}^*$ でなければならない。

８．１．３　安定レギュレータ

最適レギュレータが評価関数を最小にすることを主目的とするのに対し、安定レギュレータは系の安定化を主目的とするものである。この場合、制御系はLyapunovの安定論に基づいて設計[23]される。

制御対象が（８．１．１）式で表されるとき、制御入力 $\boldsymbol{u}$ を

$$\boldsymbol{u}=-\frac{1}{2}\boldsymbol{R}^{-1}\boldsymbol{B}^{T}\boldsymbol{P}\boldsymbol{x} \tag{８．１．118}$$

で表すと、（８．１．１）式は

$$\dot{\boldsymbol{x}}=(\boldsymbol{A}-\frac{1}{2}\boldsymbol{B}\boldsymbol{R}^{-1}\boldsymbol{B}^{T}\boldsymbol{P})\boldsymbol{x} \tag{８．１．119}$$

となる。V 関数を

$$V(\boldsymbol{x})=\boldsymbol{x}^{T}\boldsymbol{P}\boldsymbol{x} \tag{８．１．120}$$

とおいて時間微分をし、（８．１．119）式を考慮に入れると

$$\begin{aligned}\dot{V}(\boldsymbol{x})&=\dot{\boldsymbol{x}}^{T}\boldsymbol{P}\boldsymbol{x}+\boldsymbol{x}^{T}\boldsymbol{P}\dot{\boldsymbol{x}}\\&=\boldsymbol{x}^{T}(\boldsymbol{A}^{T}-\frac{1}{2}\boldsymbol{P}\boldsymbol{B}\boldsymbol{R}^{-1}\boldsymbol{B}^{T})\boldsymbol{P}\boldsymbol{x}+\boldsymbol{x}^{T}\boldsymbol{P}(\boldsymbol{A}-\frac{1}{2}\boldsymbol{B}\boldsymbol{R}^{-1}\boldsymbol{B}^{T}\boldsymbol{P})\boldsymbol{x}\\&=\boldsymbol{x}^{T}[\boldsymbol{A}^{T}\boldsymbol{P}+\boldsymbol{P}\boldsymbol{A}-\boldsymbol{P}\boldsymbol{B}\boldsymbol{R}^{-1}\boldsymbol{B}^{T}\boldsymbol{P}]\boldsymbol{x}\end{aligned} \tag{８．１．121}$$

となる。系が漸近安定となる十分条件は $\dot{V}<0$ となればよいから、上式より

$$\boldsymbol{A}^{T}\boldsymbol{P}+\boldsymbol{P}\boldsymbol{A}-\boldsymbol{P}\boldsymbol{B}\boldsymbol{R}^{-1}\boldsymbol{B}^{T}\boldsymbol{P}<\boldsymbol{0} \tag{８．１．122}$$

となれば、V はLyapunov関数となる。いま、$\boldsymbol{Q}$ を 正(定)値対称行列として、（８．１．122）式は

$$\boldsymbol{A}^{T}\boldsymbol{P}+\boldsymbol{P}\boldsymbol{A}-\boldsymbol{P}\boldsymbol{B}\boldsymbol{R}^{-1}\boldsymbol{B}^{T}\boldsymbol{P}+\boldsymbol{Q}=\boldsymbol{0} \tag{８．１．123}$$

と書くことができる。これは行列Riccati方程式であり、$\varepsilon>0$、$\boldsymbol{Q}=\varepsilon\boldsymbol{I}$ とおいて

$$\boldsymbol{A}^{T}\boldsymbol{P}+\boldsymbol{P}\boldsymbol{A}-\boldsymbol{P}\boldsymbol{B}\boldsymbol{R}^{-1}\boldsymbol{B}^{T}\boldsymbol{P}+\varepsilon\boldsymbol{I}=0 \tag{８．１．124}$$

となる。また（8．1．120)、（8．1．121)、そして（8．1．123）式より、$\boldsymbol{P}=\boldsymbol{I}$ とおいて

$$-\frac{\dot{V}(\boldsymbol{x})}{V(\boldsymbol{x})}=\frac{\boldsymbol{x}^T\boldsymbol{Q}\boldsymbol{x}}{\boldsymbol{x}^T\boldsymbol{x}} \qquad (8.\ 1.\ 125)$$

が得られる。上式の右辺をλとおくと、λの最大値（λmax）と最小値（λmin）は$\boldsymbol{Q}$の固有値の最大値と最小値となり、$\boldsymbol{Q}$が $\|\boldsymbol{x}\|^2$ の応答速度に影響することがわかる。特に、$\boldsymbol{Q}=\varepsilon\boldsymbol{I}$ とおいたときは $\lambda=\varepsilon$ となり、εを大きくすると応答速度が速くなることが分かる。

8．2　線形サーボ問題

この節までは定値制御について述べてきたが、ここでは追値制御について述べる。追値制御とは目標値が変化する自動制御で、目標値の変化があらかじめプログラムされている場合の制御問題をプログラム制御（program control）またはトラッキング（tracking）問題という。目標値が任意に変化するときの制御問題をサーボ問題（servo problem）または追従制御問題（follow-up control problem）という。

8．2．1　サーボ系

サーボ系の設計仕様は定常偏差を零にし、閉ループ系を漸近安定にすることである。目標値はステップ関数で表されるものとし、サーボ問題をレギュレータ問題におきかえて設計をする。

サーボ系は図8．1のように構成する。

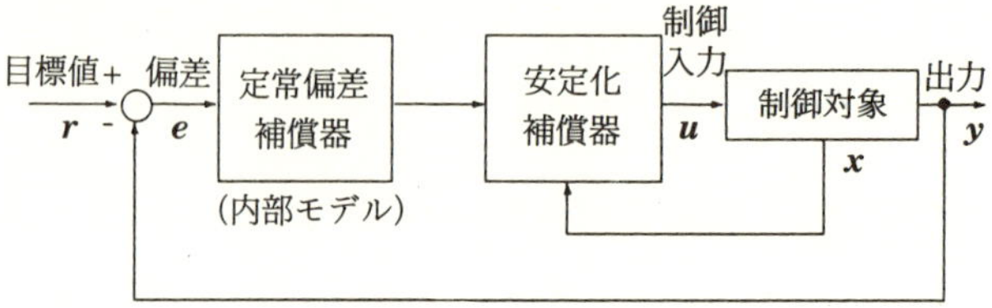

図8．1　サーボ系

内部モデル原理によれば、安定な単一フィードバックにおいて出力が目標値に追従するためには、内部モデルが外部信号（目標値や外乱）モデルと等価でなければならない。但し、内部モデルの極と制御対象の零点が打ち消し合わないものとする。これより、ステップ入力 (c/s) の場合、内部モデルは $1/s$、すなわち積分器を１つ入れればよいことになる。これは（４．２．５）式で、内部モデルを $G_s(s)$、制御対象の伝達関数を $G(s)$ とした場合

$$\lim_{s\to 0} G_s(s)G(s)\to\infty \qquad (8.\ 2.\ 1)$$

となればよいから、$\lim_{s\to 0} G(s)$ が一定値になる場合は $G_s(s)=1/s$ とすればよいことが分かる。例題４でこのことがしめされている。（４．２．11）式の定義より、積分器を１つ含むサーボ系を１型サーボ系、P 個含むサーボ系を P 型サーボ系という。P 型サーボ系の構成は図８．２のようになる。
制御対象を $\dot{\boldsymbol{x}}=\boldsymbol{Ax}+\boldsymbol{Bu}$、積分器の出力を $\boldsymbol{Z}_1$、$\boldsymbol{Z}_2\cdots\boldsymbol{Z}_p$ で表すと

$$\begin{aligned}
&\dot{\boldsymbol{x}}=\boldsymbol{Ax}+\boldsymbol{Bu}\\
&\dot{\boldsymbol{Z}}_1=\boldsymbol{Z}_2\\
&\dot{\boldsymbol{Z}}_2=\boldsymbol{Z}_3\\
&\quad\vdots\\
&\dot{\boldsymbol{Z}}_{P-1}=\boldsymbol{Z}_P\\
&\dot{\boldsymbol{Z}}_P=\boldsymbol{r}-\boldsymbol{y}
\end{aligned} \qquad (8.\ 2.\ 2)$$

$\boldsymbol{r}=\boldsymbol{0}$, $\boldsymbol{y}=\boldsymbol{Cx}$ とおいて、拡大系の状態方程式は

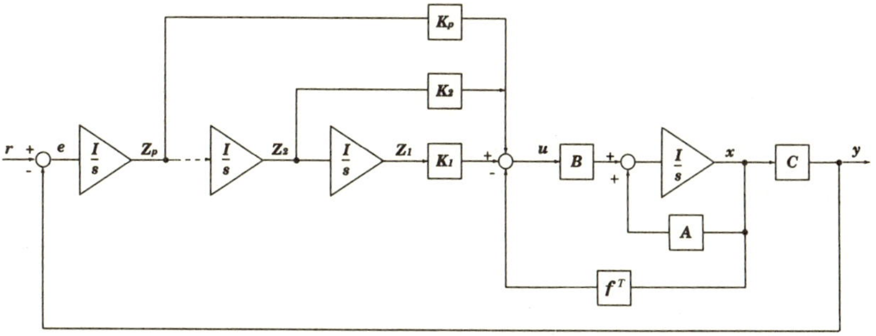

図８．２　Ｐ型サーボ系

$$\begin{bmatrix} \dot{\boldsymbol{x}} \\ \dot{\boldsymbol{Z}}_1 \\ \dot{\boldsymbol{Z}}_2 \\ \vdots \\ \dot{\boldsymbol{Z}}_P \end{bmatrix} = \left[\begin{array}{c|cccc} \boldsymbol{A} & \boldsymbol{0} & \cdots & & \boldsymbol{0} \\ \hline \boldsymbol{0} & \boldsymbol{0} & \boldsymbol{I} & & \boldsymbol{0} \\ \boldsymbol{0} & \vdots & & \ddots & \\ \vdots & & & & \boldsymbol{I} \\ -\boldsymbol{C} & \boldsymbol{0} & \cdots & & \boldsymbol{0} \end{array}\right] \begin{bmatrix} \boldsymbol{x} \\ \boldsymbol{Z}_1 \\ \boldsymbol{Z}_2 \\ \vdots \\ \boldsymbol{Z}_P \end{bmatrix} + \begin{bmatrix} \boldsymbol{b} \\ \boldsymbol{0} \\ \vdots \\ \boldsymbol{0} \end{bmatrix} \boldsymbol{u} \qquad (8.2.3)$$

で表される。全ての状態量は測定可能とすると、制御入力 $\boldsymbol{u}$ は

$$\boldsymbol{u} = -\boldsymbol{f}^T\boldsymbol{x} + \boldsymbol{K}_1\boldsymbol{Z}_1 + \boldsymbol{K}_2\boldsymbol{Z}_2 + \cdots + \boldsymbol{K}_P\boldsymbol{Z}_P$$

$$= -[\boldsymbol{f}^T - \boldsymbol{K}_1 - \boldsymbol{K}_2 \cdots - \boldsymbol{K}_P] \begin{bmatrix} \boldsymbol{x} \\ \boldsymbol{Z}_1 \\ \boldsymbol{Z}_2 \\ \vdots \\ \boldsymbol{Z}_P \end{bmatrix} \qquad (8.2.4)$$

となる。ここで、$\overline{\boldsymbol{x}} = [\boldsymbol{x}^T \boldsymbol{Z}_1{}^T \boldsymbol{Z}_2{}^T \cdots \boldsymbol{Z}_P{}^T]^T$, $\overline{\boldsymbol{f}}^T = [\boldsymbol{f}^T - \boldsymbol{K}_1 - \boldsymbol{K}_2 \cdots - \boldsymbol{K}_P]$ とおいて（8．2．3）、（8．2．4）式を

$$\dot{\overline{\boldsymbol{x}}} = \overline{\boldsymbol{A}}\,\overline{\boldsymbol{x}} + \overline{\boldsymbol{B}}\,\overline{\boldsymbol{u}} \qquad (8.2.5)$$

$$\overline{\boldsymbol{u}} = -\overline{\boldsymbol{f}}^T\overline{\boldsymbol{x}} \qquad (8.2.6)$$

と書き改めると

$$\dot{\overline{\boldsymbol{x}}} = [\overline{\boldsymbol{A}} - \overline{\boldsymbol{B}}\,\overline{\boldsymbol{f}}^T]\,\overline{\boldsymbol{x}} \qquad (8.2.7)$$

となり、極配置法による設計では、$\overline{\boldsymbol{A}} - \overline{\boldsymbol{B}}\,\overline{\boldsymbol{f}}^T$ の固有値の実部が全て負になるように $\overline{\boldsymbol{f}}^T$ を定めるならば系は大域的漸近安定となる。

次に、最適サーボ系の設計について述べる。

8．2．2　最適サーボ系[2]

m入力、m出力の1型のサーボ系を考える。すなわち$\boldsymbol{r}\in\boldsymbol{R}^m, \boldsymbol{y}\in\boldsymbol{R}^m$である。

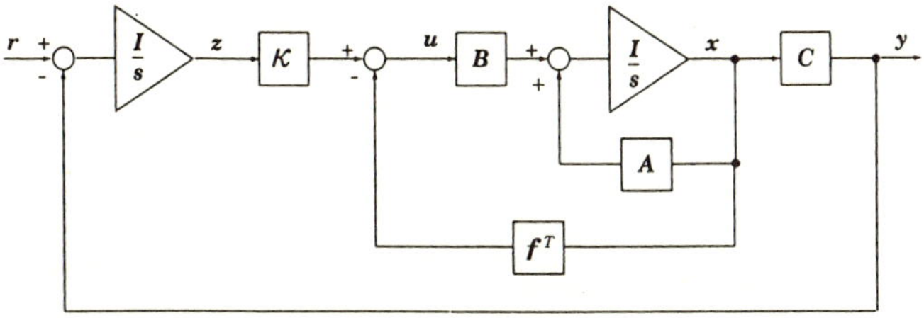

図8．3　1型サーボ系

図8．3をもとにして、次式が求まる。

$$\begin{cases}\dot{\boldsymbol{x}}=\boldsymbol{A}\boldsymbol{x}+\boldsymbol{B}\boldsymbol{u}\\ \boldsymbol{y}=\boldsymbol{C}\boldsymbol{x}\end{cases} \quad (8.2.8)$$

$$\boldsymbol{u}=-\boldsymbol{f}^T\boldsymbol{x}+\boldsymbol{\kappa}\boldsymbol{z} \quad (8.2.9)$$

$$\dot{\boldsymbol{z}}=\boldsymbol{r}-\boldsymbol{y}=\boldsymbol{r}-\boldsymbol{C}\boldsymbol{x} \quad (8.2.10)$$

（8．2．9）式より

$$\begin{aligned}\dot{\boldsymbol{u}}&=-\boldsymbol{f}^T\dot{\boldsymbol{x}}+\boldsymbol{\kappa}\dot{\boldsymbol{z}}=-\boldsymbol{f}^T(\boldsymbol{A}\boldsymbol{x}+\boldsymbol{B}\boldsymbol{u})+\boldsymbol{\kappa}(\boldsymbol{r}-\boldsymbol{C}\boldsymbol{x})\\ &=-(\boldsymbol{f}^T\boldsymbol{A}+\boldsymbol{\kappa}\boldsymbol{C})\boldsymbol{x}-\boldsymbol{f}^T\boldsymbol{B}\boldsymbol{u}+\boldsymbol{\kappa}\boldsymbol{r}\\ &=-[\boldsymbol{f}^T\ \ \boldsymbol{\kappa}]\begin{bmatrix}\boldsymbol{A} & \boldsymbol{B}\\ \boldsymbol{C} & \boldsymbol{0}\end{bmatrix}\begin{bmatrix}\boldsymbol{x}\\ \boldsymbol{u}\end{bmatrix}+\boldsymbol{\kappa}\boldsymbol{r}\end{aligned} \quad (8.2.11)$$

（8．2．8）と（8．2．11）式を基に拡大系[2]をつくると、

$$\begin{bmatrix}\dot{\boldsymbol{x}}\\ \dot{\boldsymbol{u}}\end{bmatrix}=\begin{bmatrix}\boldsymbol{I}_n & \boldsymbol{0}\\ -\boldsymbol{f}^T & -\boldsymbol{\kappa}\end{bmatrix}\begin{bmatrix}\boldsymbol{A} & \boldsymbol{B}\\ \boldsymbol{C} & \boldsymbol{0}\end{bmatrix}\begin{bmatrix}\boldsymbol{x}\\ \boldsymbol{u}\end{bmatrix}+\begin{bmatrix}\boldsymbol{0}\\ \boldsymbol{\kappa}\end{bmatrix}\boldsymbol{r} \quad (8.2.12)$$

$$\boldsymbol{y}=[\boldsymbol{C}\ \ \boldsymbol{0}]\begin{bmatrix}\boldsymbol{x}\\ \boldsymbol{u}\end{bmatrix} \quad (8.2.13)$$

となる。これより、定常値を求める。$\dot{\boldsymbol{x}}=\boldsymbol{0}$、$\dot{\boldsymbol{u}}=\boldsymbol{0}$とおいて

$$\begin{bmatrix} \boldsymbol{0} \\ \boldsymbol{0} \end{bmatrix} = \begin{bmatrix} \boldsymbol{I}_n & \boldsymbol{0} \\ -\boldsymbol{f}^T & -\boldsymbol{\kappa} \end{bmatrix} \begin{bmatrix} \boldsymbol{A} & \boldsymbol{B} \\ \boldsymbol{C} & \boldsymbol{0} \end{bmatrix} \begin{bmatrix} \boldsymbol{x}(\infty) \\ \boldsymbol{u}(\infty) \end{bmatrix} + \begin{bmatrix} \boldsymbol{0} \\ \boldsymbol{\kappa} \end{bmatrix} \boldsymbol{r}$$

$$\begin{aligned} \begin{bmatrix} \boldsymbol{x}(\infty) \\ \boldsymbol{u}(\infty) \end{bmatrix} &= -\begin{bmatrix} \boldsymbol{A} & \boldsymbol{B} \\ \boldsymbol{C} & \boldsymbol{0} \end{bmatrix}^{-1} \begin{bmatrix} \boldsymbol{I}_n & \boldsymbol{0} \\ -\boldsymbol{f}^T & -\boldsymbol{\kappa} \end{bmatrix}^{-1} \begin{bmatrix} \boldsymbol{0} \\ \boldsymbol{\kappa} \end{bmatrix} \boldsymbol{r} \\ &= -\begin{bmatrix} \boldsymbol{A} & \boldsymbol{B} \\ \boldsymbol{C} & \boldsymbol{0} \end{bmatrix}^{-1} \begin{bmatrix} \boldsymbol{I}_n & \boldsymbol{0} \\ -\boldsymbol{\kappa}^{-1}\boldsymbol{f}^T & -\boldsymbol{\kappa}^{-1} \end{bmatrix} \begin{bmatrix} \boldsymbol{0} \\ \boldsymbol{\kappa} \end{bmatrix} \boldsymbol{r} \\ &= \begin{bmatrix} \boldsymbol{A} & \boldsymbol{B} \\ \boldsymbol{C} & \boldsymbol{0} \end{bmatrix}^{-1} \begin{bmatrix} \boldsymbol{0} \\ \boldsymbol{I}_m \end{bmatrix} \boldsymbol{r} \end{aligned} \qquad (8.2.14)$$

$$\boldsymbol{y}(\infty) = [\boldsymbol{C} \;\; \boldsymbol{0}] \begin{bmatrix} \boldsymbol{x}(\infty) \\ \boldsymbol{u}(\infty) \end{bmatrix} \qquad (8.2.15)$$

（8．2．14）と（8．2．15）式より

$$\boldsymbol{y}(\infty) = [\boldsymbol{C} \;\; \boldsymbol{0}] \begin{bmatrix} \boldsymbol{A} & \boldsymbol{B} \\ \boldsymbol{C} & \boldsymbol{0} \end{bmatrix}^{-1} \begin{bmatrix} \boldsymbol{0} \\ \boldsymbol{I}_m \end{bmatrix} \boldsymbol{r} \qquad (8.2.16)$$

ここで、$\begin{bmatrix} \boldsymbol{A} & \boldsymbol{B} \\ \boldsymbol{C} & \boldsymbol{0} \end{bmatrix}^{-1} = \begin{bmatrix} \boldsymbol{A}_{-1} & \boldsymbol{B}_{-1} \\ \boldsymbol{C}_{-1} & \boldsymbol{D}_{-1} \end{bmatrix}$とおけば

$$\boldsymbol{A}_{-1} = \boldsymbol{0}, \;\; \boldsymbol{C}\boldsymbol{B}_{-1} = \boldsymbol{I}_m \qquad (8.2.17)$$

となるから

$$\begin{aligned} [\boldsymbol{C} \;\; \boldsymbol{0}] \begin{bmatrix} \boldsymbol{A} & \boldsymbol{B} \\ \boldsymbol{C} & \boldsymbol{0} \end{bmatrix}^{-1} &= [\boldsymbol{C} \;\; \boldsymbol{0}] \begin{bmatrix} \boldsymbol{A}_{-1} & \boldsymbol{B}_{-1} \\ \boldsymbol{C}_{-1} & \boldsymbol{D}_{-1} \end{bmatrix} = [\boldsymbol{C}\boldsymbol{A}_{-1} \;\; \boldsymbol{C}\boldsymbol{B}_{-1}] \\ &= [\boldsymbol{0} \;\; \boldsymbol{I}_m] \end{aligned} \qquad (8.2.18)$$

となり、（8．2．16）式は

$$\boldsymbol{y}(\infty) = [\boldsymbol{0} \;\; \boldsymbol{I}_m] \begin{bmatrix} \boldsymbol{0} \\ \boldsymbol{I}_m \end{bmatrix} \boldsymbol{r} = \boldsymbol{r} \qquad (8.2.19)$$

と表せる。これより応答量は目標値に追従することが分かる。

次に、$\boldsymbol{x}_e=\boldsymbol{x}-\boldsymbol{x}(\infty)$　$\boldsymbol{u}_e=\boldsymbol{u}-\boldsymbol{u}(\infty)$　$\boldsymbol{e}=\boldsymbol{y}-\boldsymbol{r}$ として、偏差系をつくる。(8．2．12) 式より

$$\begin{bmatrix}\dot{\boldsymbol{x}}_e\\ \dot{\boldsymbol{u}}_e\end{bmatrix}=\begin{bmatrix}\dot{\boldsymbol{x}}\\ \dot{\boldsymbol{u}}\end{bmatrix}=\begin{bmatrix}\boldsymbol{I}_n & \boldsymbol{0}\\ -\boldsymbol{f}^T & -\boldsymbol{\kappa}\end{bmatrix}\begin{bmatrix}\boldsymbol{A} & \boldsymbol{B}\\ \boldsymbol{C} & \boldsymbol{0}\end{bmatrix}\begin{bmatrix}\boldsymbol{x}\\ \boldsymbol{u}\end{bmatrix}+\begin{bmatrix}\boldsymbol{0}\\ \boldsymbol{\kappa}\end{bmatrix}\boldsymbol{r} \qquad (8.\ 2.\ 20)$$

が得られる。しかるに

$$\begin{aligned}\begin{bmatrix}\boldsymbol{A} & \boldsymbol{B}\\ \boldsymbol{C} & \boldsymbol{0}\end{bmatrix}\begin{bmatrix}\boldsymbol{x}\\ \boldsymbol{u}\end{bmatrix}&=\begin{bmatrix}\boldsymbol{A} & \boldsymbol{B}\\ \boldsymbol{C} & \boldsymbol{0}\end{bmatrix}\begin{bmatrix}\boldsymbol{x}_e+\boldsymbol{x}(\infty)\\ \boldsymbol{u}_e+\boldsymbol{u}(\infty)\end{bmatrix}\\ &=\begin{bmatrix}\boldsymbol{A} & \boldsymbol{B}\\ \boldsymbol{C} & \boldsymbol{0}\end{bmatrix}\left(\begin{bmatrix}\boldsymbol{x}_e\\ \boldsymbol{u}_e\end{bmatrix}+\begin{bmatrix}\boldsymbol{x}(\infty)\\ \boldsymbol{u}(\infty)\end{bmatrix}\right)=\begin{bmatrix}\boldsymbol{A} & \boldsymbol{B}\\ \boldsymbol{C} & \boldsymbol{0}\end{bmatrix}\left(\begin{bmatrix}\boldsymbol{x}_e\\ \boldsymbol{u}_e\end{bmatrix}+\begin{bmatrix}\boldsymbol{A} & \boldsymbol{B}\\ \boldsymbol{C} & \boldsymbol{0}\end{bmatrix}^{-1}\begin{bmatrix}\boldsymbol{0}\\ \boldsymbol{I}_m\end{bmatrix}\boldsymbol{r}\right)\\ &=\begin{bmatrix}\boldsymbol{A} & \boldsymbol{B}\\ \boldsymbol{C} & \boldsymbol{0}\end{bmatrix}\begin{bmatrix}\boldsymbol{x}_e\\ \boldsymbol{u}_e\end{bmatrix}+\begin{bmatrix}\boldsymbol{0}\\ \boldsymbol{I}_m\end{bmatrix}\boldsymbol{r} \qquad (8.\ 2.\ 21)\end{aligned}$$

であるから、これを (8．2．20) 式に代入して

$$\begin{aligned}\begin{bmatrix}\dot{\boldsymbol{x}}_e\\ \dot{\boldsymbol{u}}_e\end{bmatrix}&=\begin{bmatrix}\boldsymbol{I}_n & \boldsymbol{0}\\ -\boldsymbol{f}^T & -\boldsymbol{\kappa}\end{bmatrix}\left(\begin{bmatrix}\boldsymbol{A} & \boldsymbol{B}\\ \boldsymbol{C} & \boldsymbol{0}\end{bmatrix}\begin{bmatrix}\boldsymbol{x}_e\\ \boldsymbol{u}_e\end{bmatrix}+\begin{bmatrix}\boldsymbol{0}\\ \boldsymbol{I}_m\end{bmatrix}\boldsymbol{r}\right)+\begin{bmatrix}\boldsymbol{0}\\ \boldsymbol{\kappa}\end{bmatrix}\boldsymbol{r}=\begin{bmatrix}\boldsymbol{I}_n & \boldsymbol{0}\\ -\boldsymbol{f}^T & -\boldsymbol{\kappa}\end{bmatrix}\begin{bmatrix}\boldsymbol{A} & \boldsymbol{B}\\ \boldsymbol{C} & \boldsymbol{0}\end{bmatrix}\begin{bmatrix}\boldsymbol{x}_e\\ \boldsymbol{u}_e\end{bmatrix}\\ &=\left(\begin{bmatrix}\boldsymbol{I}_n & \boldsymbol{0}\\ \boldsymbol{0} & \boldsymbol{0}\end{bmatrix}+\begin{bmatrix}\boldsymbol{0} & \boldsymbol{0}\\ -\boldsymbol{f}^T & -\boldsymbol{\kappa}\end{bmatrix}\right)\begin{bmatrix}\boldsymbol{A} & \boldsymbol{B}\\ \boldsymbol{C} & \boldsymbol{0}\end{bmatrix}\begin{bmatrix}\boldsymbol{x}_e\\ \boldsymbol{u}_e\end{bmatrix}=\begin{bmatrix}\boldsymbol{I}_n & \boldsymbol{0}\\ \boldsymbol{0} & \boldsymbol{0}\end{bmatrix}\begin{bmatrix}\boldsymbol{A} & \boldsymbol{B}\\ \boldsymbol{C} & \boldsymbol{0}\end{bmatrix}\begin{bmatrix}\boldsymbol{x}_e\\ \boldsymbol{u}_e\end{bmatrix}\\ &\quad+\begin{bmatrix}\boldsymbol{0} & \boldsymbol{0}\\ -\boldsymbol{f}^T & -\boldsymbol{\kappa}\end{bmatrix}\begin{bmatrix}\boldsymbol{A} & \boldsymbol{B}\\ \boldsymbol{C} & \boldsymbol{0}\end{bmatrix}\begin{bmatrix}\boldsymbol{x}_e\\ \boldsymbol{u}_e\end{bmatrix}=\begin{bmatrix}\boldsymbol{A} & \boldsymbol{B}\\ \boldsymbol{0} & \boldsymbol{0}\end{bmatrix}\begin{bmatrix}\boldsymbol{x}_e\\ \boldsymbol{u}_e\end{bmatrix}-\begin{bmatrix}\boldsymbol{0}\\ \boldsymbol{I}_m\end{bmatrix}[\boldsymbol{f}^T\ \ \boldsymbol{\kappa}]\begin{bmatrix}\boldsymbol{A} & \boldsymbol{B}\\ \boldsymbol{C} & \boldsymbol{0}\end{bmatrix}\begin{bmatrix}\boldsymbol{x}_e\\ \boldsymbol{u}_e\end{bmatrix}\end{aligned}$$

$$(8.\ 2.\ 22)$$

ここで

$$\boldsymbol{E}=\begin{bmatrix}\boldsymbol{A} & \boldsymbol{B}\\ \boldsymbol{C} & \boldsymbol{0}\end{bmatrix},\qquad \boldsymbol{F}_e=[\boldsymbol{f}^T\ \ \boldsymbol{\kappa}]\boldsymbol{E} \qquad (8.\ 2.\ 23)$$

とおくと、(8．2．22) 式は

$$\begin{bmatrix}\dot{\boldsymbol{x}}_e\\ \dot{\boldsymbol{u}}_e\end{bmatrix}=\begin{bmatrix}\boldsymbol{A} & \boldsymbol{B}\\ \boldsymbol{0} & \boldsymbol{0}\end{bmatrix}\begin{bmatrix}\boldsymbol{x}_e\\ \boldsymbol{u}_e\end{bmatrix}+\begin{bmatrix}\boldsymbol{0}\\ \boldsymbol{I}_m\end{bmatrix}\boldsymbol{v} \tag{8. 2. 24}$$

$$\boldsymbol{v}=-\boldsymbol{F}_e\begin{bmatrix}\boldsymbol{x}_e\\ \boldsymbol{u}_e\end{bmatrix} \tag{8. 2. 25}$$

と書き改められ、上式はさらに

$$\tilde{\boldsymbol{x}}=\begin{bmatrix}\boldsymbol{x}_e\\ \boldsymbol{u}_e\end{bmatrix},\qquad \tilde{\boldsymbol{u}}=\boldsymbol{v},\qquad \tilde{\boldsymbol{A}}=\begin{bmatrix}\boldsymbol{A} & \boldsymbol{B}\\ \boldsymbol{0} & \boldsymbol{0}\end{bmatrix},\qquad \tilde{\boldsymbol{B}}=\begin{bmatrix}\boldsymbol{0}\\ \boldsymbol{I}_m\end{bmatrix} \tag{8. 2. 26}$$

とおくと

$$\begin{cases}\dot{\tilde{\boldsymbol{x}}}=\tilde{\boldsymbol{A}}\tilde{\boldsymbol{x}}+\tilde{\boldsymbol{B}}\tilde{\boldsymbol{u}}\\ \tilde{\boldsymbol{u}}=-\boldsymbol{F}_e\tilde{\boldsymbol{x}}\end{cases} \tag{8. 2. 27}$$

と書き改められる。これより拡大系の最適フィードバック係数行列 $\boldsymbol{F}_e$ を定めれば (8．2．23) 式より

$$[\boldsymbol{f}^T\ \ \boldsymbol{\kappa}]=\boldsymbol{F}_e\boldsymbol{E}^{-1} \tag{8. 2. 28}$$

が求まる。

第9章　オブザーバ

これまでは状態量は全て測定可能であると仮定してきたが、実系ではそのようなことは希である。直接測定できない状態量がある場合はその状態量を推定する必要がある。入出力の測定量から状態量を推定する機構を状態観測器(state observer)といい、確定系での状態観測器としてD.GLuenbergerの状態観測器が有名である。

9．1　同一次元オブザーバ

状態観測器の次数が制御対象の次数と同じものを同一次元オブザーバ (identity observer) という。これは全状態量を推定することに相当する。

制御対象を

$$\dot{\boldsymbol{x}}=\boldsymbol{A}\boldsymbol{x}+\boldsymbol{B}\boldsymbol{u} \qquad (\boldsymbol{x}\in\boldsymbol{R}^n,\ \boldsymbol{u}\in\boldsymbol{R}^m) \tag{9. 1. 1}$$

出力方程式を

$$\boldsymbol{y}=\boldsymbol{C}\boldsymbol{x} \qquad (\boldsymbol{y}\in\boldsymbol{R}^l) \tag{9. 1. 2}$$

で表し、系は$(\boldsymbol{C},\boldsymbol{A})$可観測と仮定する。

状態観測器を

$$\begin{aligned}\dot{\hat{\boldsymbol{x}}}&=\boldsymbol{A}\hat{\boldsymbol{x}}+\boldsymbol{B}\boldsymbol{u}-\boldsymbol{K}(\hat{\boldsymbol{y}}-\boldsymbol{y})\\&=(\boldsymbol{A}-\boldsymbol{K}\boldsymbol{C})\hat{\boldsymbol{x}}+\boldsymbol{K}\boldsymbol{C}\boldsymbol{x}+\boldsymbol{B}\boldsymbol{u}\end{aligned} \tag{9. 1. 3}$$

とおいて、状態推定誤差 $\hat{\boldsymbol{x}}-\boldsymbol{x}$ を $\boldsymbol{e}$ とおくと、(9．1．1)と(9．1．3)式より

$$\dot{\hat{\boldsymbol{x}}}-\dot{\boldsymbol{x}}=\{(\boldsymbol{A}-\boldsymbol{KC})\hat{\boldsymbol{x}}+\boldsymbol{KCx}+\boldsymbol{Bu}\}-\{\boldsymbol{Ax}+\boldsymbol{Bu}\}$$
$$=(\boldsymbol{A}-\boldsymbol{KC})(\hat{\boldsymbol{x}}-\boldsymbol{x}) \qquad (9.1.4)$$

これを誤差方程式で表すと

$$\dot{\boldsymbol{e}}=(\boldsymbol{A}-\boldsymbol{KC})\boldsymbol{e} \qquad (9.1.5)$$

となり、その解は

$$\boldsymbol{e}(t)=exp\{(\boldsymbol{A}-\boldsymbol{KC})t\}\boldsymbol{e}(0), \qquad \boldsymbol{e}(0)=\hat{\boldsymbol{x}}(0)-\boldsymbol{x}(0) \qquad (9.1.6)$$

となる。従って $\boldsymbol{A}-\boldsymbol{KC}$ が安定行列になるように $\boldsymbol{K}$ を定めると $t\to\infty$ で $\boldsymbol{e}(t)\to\boldsymbol{0}$ となるから推定が可能になる。$\boldsymbol{A}-\boldsymbol{KC}$ の極を同一次元オブザーバの極といい、複素左半平面で原点より離れた位置に極を配置することによって状態推定量を真の状態量に速く近づけることができる。

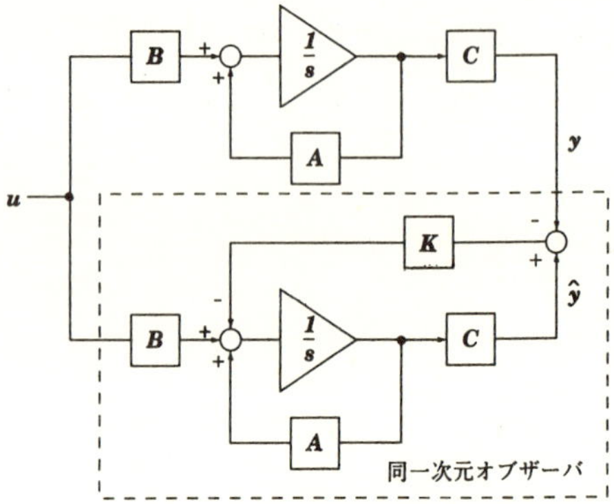

図9．1　同一次元オブザーバ

9．2　最小次元オブザーバ

出力 $\boldsymbol{y}(t)$ が l 次元の場合、変数変換をすることによって、l 個の状態量が直接測定ができることになる。従って、残りの $n-l$ 個の状態量を推定すればよい。このように次元を下げたオブザーバを最小次元オブザーバ(minimal order observer）という。

系を（9．1．1）（9．1．2）とし、$(n-l)$ 次元のオブザーバを

$$\dot{\boldsymbol{z}}=\tilde{\boldsymbol{A}}\boldsymbol{z}+\boldsymbol{K}\boldsymbol{y}+\tilde{\boldsymbol{B}}\boldsymbol{u} \qquad (9.\ 2.\ 1)$$

で表わし、状態ベクトル $\boldsymbol{x}$ の推定量を $\hat{\boldsymbol{x}}$ とする。

$$\boldsymbol{z}=\boldsymbol{M}\hat{\boldsymbol{x}} \qquad (9.\ 2.\ 2)$$

とおいて、誤差ベクトルを

$$\boldsymbol{e}=\boldsymbol{z}-\boldsymbol{M}\boldsymbol{x} \qquad (9.\ 2.\ 3)$$

とすると、（9．1．1）と（9．2．1）式より

$$\begin{aligned}\dot{\boldsymbol{z}}-\boldsymbol{M}\dot{\boldsymbol{x}}&=\{\tilde{\boldsymbol{A}}\boldsymbol{z}+\boldsymbol{K}\boldsymbol{y}+\tilde{\boldsymbol{B}}\boldsymbol{u}\}-\boldsymbol{M}\{\boldsymbol{A}\boldsymbol{x}+\boldsymbol{B}\boldsymbol{u}\}\\&=\tilde{\boldsymbol{A}}\boldsymbol{z}+(\boldsymbol{K}\boldsymbol{C}-\boldsymbol{M}\boldsymbol{A})\boldsymbol{x}+(\tilde{\boldsymbol{B}}-\boldsymbol{M}\boldsymbol{B})\boldsymbol{u}\\&=\tilde{\boldsymbol{A}}(\boldsymbol{z}-\boldsymbol{M}\boldsymbol{x})+(\tilde{\boldsymbol{A}}\boldsymbol{M}+\boldsymbol{K}\boldsymbol{C}-\boldsymbol{M}\boldsymbol{A})\boldsymbol{x}+(\tilde{\boldsymbol{B}}-\boldsymbol{M}\boldsymbol{B})\boldsymbol{u} \qquad (9.\ 2.\ 4)\end{aligned}$$

ここで

$$\begin{aligned}&\tilde{\boldsymbol{A}}\boldsymbol{M}+\boldsymbol{K}\boldsymbol{C}-\boldsymbol{M}\boldsymbol{A}=\boldsymbol{0} \qquad (9.\ 2.\ 7)\\&\tilde{\boldsymbol{B}}=\boldsymbol{M}\boldsymbol{B}\end{aligned}$$

とおくと、（9．2．4）式は

$$\dot{\boldsymbol{e}}=\tilde{\boldsymbol{A}}\boldsymbol{e}$$

となり、解は

$$\boldsymbol{e}(t)=exp(\tilde{\boldsymbol{A}}t)\boldsymbol{e}(0), \qquad \boldsymbol{e}(0)=\boldsymbol{z}(0)-\boldsymbol{M}\boldsymbol{x}(0) \qquad (9.\ 2.\ 8)$$

で与えられる。これより、$\tilde{\boldsymbol{A}}$が安定行列であれば、$t\rightarrow\infty$ で$\boldsymbol{e}(t)\rightarrow\boldsymbol{0}$ なるから、状態推定が可能になることが分かる。また、

$$\begin{cases} \boldsymbol{y}=\boldsymbol{C}\boldsymbol{x} \\ \boldsymbol{z}=\boldsymbol{M}\hat{\boldsymbol{x}} \end{cases} \tag{9.2.9}$$

より

$$\begin{bmatrix} \boldsymbol{C} \\ \boldsymbol{M} \end{bmatrix}\hat{\boldsymbol{x}}=\begin{bmatrix} \boldsymbol{y} \\ \boldsymbol{z} \end{bmatrix} \tag{9.2.10}$$

$$\hat{\boldsymbol{x}}=\begin{bmatrix} \boldsymbol{C} \\ \boldsymbol{M} \end{bmatrix}^{-1}\begin{bmatrix} \boldsymbol{y} \\ \boldsymbol{z} \end{bmatrix} \tag{9.2.11}$$

ここで

$$\begin{bmatrix} \boldsymbol{C} \\ \boldsymbol{M} \end{bmatrix}^{-1}=[\boldsymbol{H} \;\; \boldsymbol{D}] \tag{9.2.12}$$

とおくと

$$\boldsymbol{HC}+\boldsymbol{DM}=\boldsymbol{I} \tag{9.2.13}$$

$$\hat{\boldsymbol{x}}=\boldsymbol{Hy}+\boldsymbol{Dz} \tag{9.2.14}$$

が得られる。

以上より、最小次元オブザーバの構成条件は

(i) $\tilde{\boldsymbol{A}}$が安定行列であること

(ii) $\tilde{\boldsymbol{A}}\boldsymbol{M}+\boldsymbol{KC}-\boldsymbol{MA}=\boldsymbol{0}$

(iii) $\tilde{\boldsymbol{B}}=\boldsymbol{MB}$

(iv) $\boldsymbol{HC}+\boldsymbol{DM}=\boldsymbol{I}$

が成立することである。すなわち、(i)〜(iv)を満足する$\boldsymbol{M}$が存在すれば、最小次元オブザーバを構成することができて、$\boldsymbol{x}(t)$ の推定量は、(9．2．14)で得られる。また、(9．2．12) 式で $[\boldsymbol{C}^T\boldsymbol{M}^T]^T$ を左から掛けると

$$\boldsymbol{I}=\begin{bmatrix} \boldsymbol{C} \\ \boldsymbol{M} \end{bmatrix}[\boldsymbol{H} \;\; \boldsymbol{D}]$$

$$=\begin{bmatrix} \boldsymbol{CH} & \boldsymbol{CD} \\ \boldsymbol{MH} & \boldsymbol{MD} \end{bmatrix} \tag{9.2.15}$$

となるから

$$\boldsymbol{CH}=\boldsymbol{I}_l,\ \boldsymbol{CD}=\boldsymbol{0},\ \boldsymbol{MH}=\boldsymbol{0},\ \boldsymbol{MD}=\boldsymbol{I}_{n-l} \tag{9.2.16}$$

でなければならない。

（9．2．5）式より

$$\tilde{\boldsymbol{A}}\boldsymbol{M}=\boldsymbol{MA}-\boldsymbol{KC} \tag{9.2.17}$$

これに右から$\boldsymbol{D}$をかけて（9．2．16）式を考慮すると

$$\tilde{\boldsymbol{A}}\boldsymbol{MD}=\boldsymbol{MAD}-\boldsymbol{KCD}$$

$$\tilde{\boldsymbol{A}}=\boldsymbol{MAD} \tag{9.2.18}$$

（9．2．17）式に右から$\boldsymbol{H}$を掛けて（9．2．16）式を考慮すると

$$\tilde{\boldsymbol{A}}\boldsymbol{MH}=\boldsymbol{MAH}-\boldsymbol{KCH}$$

$$\boldsymbol{0}=\boldsymbol{MAH}-\boldsymbol{K}$$

$$\boldsymbol{K}=\boldsymbol{MAH} \tag{9.2.19}$$

が得られる。

9．3　変形オブザーバ[10]

Luenbergerのオブザーバを変形したオブザーバを示す。これはm個の入力変数 $\boldsymbol{u}(t)$ と l 個の出力変数 $\boldsymbol{y}(t)$ を直接測定して、$\boldsymbol{x}(t)$ の推定量 $\boldsymbol{z}(t)$ を出力するオブザーバである。Luenbergerのオブザーバが出力誤差をフィードバックするのに対して、このオブザーバは対象とする系の出力をそのままフィードバックして構成する点が異っている。

対象とする系を

$$\dot{\boldsymbol{x}} = \boldsymbol{A}\boldsymbol{x} + \boldsymbol{B}\boldsymbol{u} \tag{9.3.1}$$
$$\boldsymbol{y} = \boldsymbol{C}\boldsymbol{x} \tag{9.3.2}$$

オブザーバを

$$\dot{\boldsymbol{z}} = \boldsymbol{D}\boldsymbol{z} + \boldsymbol{K}\boldsymbol{y} + \boldsymbol{J}\boldsymbol{u} \tag{9.3.3}$$

とし、状態推定誤差を

$$\boldsymbol{e} \triangleq \boldsymbol{z} - \boldsymbol{x} \tag{9.3.4}$$

とすると、誤差方程式は

$$\begin{aligned}\dot{\boldsymbol{e}} &= \dot{\boldsymbol{z}} - \dot{\boldsymbol{x}} \\ &= \{\boldsymbol{D}\boldsymbol{z} + \boldsymbol{K}\boldsymbol{y} + \boldsymbol{J}\boldsymbol{u}\} - \{\boldsymbol{A}\boldsymbol{x} + \boldsymbol{B}\boldsymbol{u}\} \qquad (9.3.5) \\ &= \boldsymbol{D}(\boldsymbol{z} - \boldsymbol{x}) + (\boldsymbol{D} + \boldsymbol{K}\boldsymbol{C} - \boldsymbol{A})\boldsymbol{x} + (\boldsymbol{J} - \boldsymbol{B})\boldsymbol{u} \\ &= \boldsymbol{D}\boldsymbol{e} + (\boldsymbol{D} + \boldsymbol{K}\boldsymbol{C} - \boldsymbol{A})\boldsymbol{x} + (\boldsymbol{J} - \boldsymbol{B})\boldsymbol{u} \qquad (9.3.6)\end{aligned}$$

となる。
ここで右辺第２項と第３項を零とおいて

$$\boldsymbol{D} + \boldsymbol{K}\boldsymbol{C} - \boldsymbol{A} = \boldsymbol{0} \tag{9.3.7}$$
$$\boldsymbol{J} - \boldsymbol{B} = \boldsymbol{0} \tag{9.3.8}$$

なる条件のもとに、（9．3．5）式は

$$\dot{\boldsymbol{e}} = \boldsymbol{D}\boldsymbol{e} \tag{9.3.9}$$

と書き改められ、$\boldsymbol{D}$が安定行列であると $t \to \infty$ で $\boldsymbol{e}(t) \to \boldsymbol{0}$ となるから状態推定が可能になることが分かる。以上のことより、オブザーバの構成条件は次のようになる。

(i) $\boldsymbol{D}$が安定行列である
(ii) $\boldsymbol{J} = \boldsymbol{B}$
(iii) $\boldsymbol{K}\boldsymbol{C} = \boldsymbol{A} - \boldsymbol{D}$　　　　（9．3．10）

9．4　オブザーバを併用したレギュレータ

レギュレータ問題で状態量の一部分しか直接測定できないとき、オブザーバを用いて状態量を推定し、その状態推定量を用いてフィードバックをする。そのフィードバック制御系を図9．2に示す。

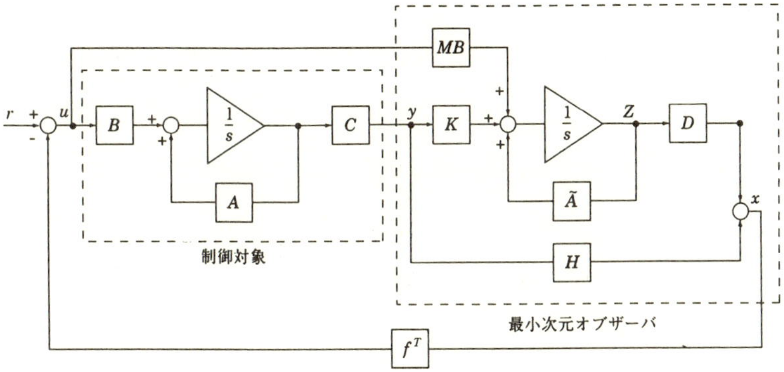

図9．2　オブザーバを併用レギュレータ

制御対象の状態方程式、および状態フィードバックを

$$\begin{cases} \dot{\boldsymbol{x}} = \boldsymbol{A}\boldsymbol{x} + \boldsymbol{B}\boldsymbol{u} & (9.4.1) \\ \boldsymbol{u} = -\boldsymbol{f}^T\hat{\boldsymbol{x}} & (9.4.2) \end{cases}$$

で表すと

$$\dot{\boldsymbol{x}} = \boldsymbol{A}\boldsymbol{x} - \boldsymbol{B}\boldsymbol{f}^T\hat{\boldsymbol{x}} \qquad (9.4.3)$$

となる。

状態推定量は

$$\hat{\boldsymbol{x}} = \boldsymbol{H}\boldsymbol{y} + \boldsymbol{D}\boldsymbol{z} \qquad (9.2.14)$$

で表されるから（9．4．3）式は

$$\dot{\boldsymbol{x}} = (\boldsymbol{A} - \boldsymbol{B}\boldsymbol{f}^T\boldsymbol{H}\boldsymbol{C})\boldsymbol{x} - \boldsymbol{B}\boldsymbol{f}^T\boldsymbol{D}\boldsymbol{z} \qquad (9.4.4)$$

と書き改められる。

オブザーバ

$$\dot{\boldsymbol{z}}=\tilde{\boldsymbol{A}}\boldsymbol{z}+\boldsymbol{K}\boldsymbol{y}+\tilde{\boldsymbol{B}}\boldsymbol{u}=\tilde{\boldsymbol{A}}\boldsymbol{z}+\boldsymbol{K}\boldsymbol{y}-\boldsymbol{M}\boldsymbol{B}\boldsymbol{f}^T\hat{\boldsymbol{x}} \tag{9.4.5}$$

に（9．2．14）式の $\hat{\boldsymbol{x}}$ を代入して

$$\begin{aligned}\dot{\boldsymbol{z}}&=\tilde{\boldsymbol{A}}\boldsymbol{z}+\boldsymbol{K}\boldsymbol{C}\boldsymbol{x}-\boldsymbol{M}\boldsymbol{B}\boldsymbol{f}^T(\boldsymbol{H}\boldsymbol{C}\boldsymbol{x}+\boldsymbol{D}\boldsymbol{z})\\&=(\boldsymbol{K}\boldsymbol{C}-\boldsymbol{M}\boldsymbol{B}\boldsymbol{f}^T\boldsymbol{H}\boldsymbol{C})\boldsymbol{x}+(\tilde{\boldsymbol{A}}-\boldsymbol{M}\boldsymbol{B}\boldsymbol{f}^T\boldsymbol{D})\boldsymbol{z}\end{aligned} \tag{9.4.6}$$

と表される。

（9．4．4）と（9．4．6）式より拡大系は次式のようになる。

$$\begin{bmatrix}\dot{\boldsymbol{x}}\\\dot{\boldsymbol{z}}\end{bmatrix}=\begin{bmatrix}(\boldsymbol{A}-\boldsymbol{B}\boldsymbol{f}^T\boldsymbol{H}\boldsymbol{C}) & -\boldsymbol{B}\boldsymbol{f}^T\boldsymbol{D}\\(\boldsymbol{K}\boldsymbol{C}-\boldsymbol{M}\boldsymbol{B}\boldsymbol{f}^T\boldsymbol{H}\boldsymbol{C}) & (\tilde{\boldsymbol{A}}-\boldsymbol{M}\boldsymbol{B}\boldsymbol{f}^T\boldsymbol{D})\end{bmatrix}\begin{bmatrix}\boldsymbol{x}\\\boldsymbol{z}\end{bmatrix} \tag{9.4.7}$$

また

$$\begin{cases}\boldsymbol{x}=\boldsymbol{x}\\\boldsymbol{z}=\boldsymbol{M}\boldsymbol{x}+\boldsymbol{e}\end{cases}$$

より

$$\begin{aligned}\begin{bmatrix}\boldsymbol{x}\\\boldsymbol{z}\end{bmatrix}&=\begin{bmatrix}\boldsymbol{I}_n & \boldsymbol{0}\\\boldsymbol{M} & \boldsymbol{I}_{n-l}\end{bmatrix}\begin{bmatrix}\boldsymbol{x}\\\boldsymbol{e}\end{bmatrix}\\&=\begin{bmatrix}\boldsymbol{I}_n & \boldsymbol{0}\\\boldsymbol{M} & \boldsymbol{I}_{n-l}\end{bmatrix}\boldsymbol{\xi}\end{aligned} \tag{9.4.8}$$

$$\boldsymbol{\xi}=\begin{bmatrix}\boldsymbol{x}\\\boldsymbol{e}\end{bmatrix} \tag{9.4.9}$$

（9．4．7）と（9．4．8）式より

$$\begin{bmatrix}\boldsymbol{I}_n & \boldsymbol{0}\\\boldsymbol{M} & \boldsymbol{I}_{n-l}\end{bmatrix}\dot{\boldsymbol{\xi}}=\begin{bmatrix}(\boldsymbol{A}-\boldsymbol{B}\boldsymbol{f}^T\boldsymbol{H}\boldsymbol{C}) & -\boldsymbol{B}\boldsymbol{f}^T\boldsymbol{D}\\(\boldsymbol{K}\boldsymbol{C}-\boldsymbol{M}\boldsymbol{B}\boldsymbol{f}^T\boldsymbol{H}\boldsymbol{C}) & (\tilde{\boldsymbol{A}}-\boldsymbol{M}\boldsymbol{B}\boldsymbol{f}^T\boldsymbol{D})\end{bmatrix}\begin{bmatrix}\boldsymbol{I}_n & \boldsymbol{0}\\\boldsymbol{M} & \boldsymbol{I}_{n-l}\end{bmatrix}\boldsymbol{\xi} \tag{9.4.10}$$

$$\dot{\boldsymbol{\xi}}=\begin{bmatrix}\boldsymbol{I}_n & \boldsymbol{0}\\ \boldsymbol{M} & \boldsymbol{I}_{n-l}\end{bmatrix}^{-1}\begin{bmatrix}(\boldsymbol{A}-\boldsymbol{B}\boldsymbol{f}^T\boldsymbol{H}\boldsymbol{C}) & -\boldsymbol{B}\boldsymbol{f}^T\boldsymbol{D}\\ (\boldsymbol{K}\boldsymbol{C}-\boldsymbol{M}\boldsymbol{B}\boldsymbol{f}^T\boldsymbol{H}\boldsymbol{C}) & (\tilde{\boldsymbol{A}}-\boldsymbol{M}\boldsymbol{B}\boldsymbol{f}^T\boldsymbol{D})\end{bmatrix}\begin{bmatrix}\boldsymbol{I}_n & \boldsymbol{0}\\ \boldsymbol{M} & \boldsymbol{I}_{n-l}\end{bmatrix}\boldsymbol{\xi}$$

$$=\begin{bmatrix}\boldsymbol{I}_n & \boldsymbol{0}\\ -\boldsymbol{M} & \boldsymbol{I}_{n-l}\end{bmatrix}\begin{bmatrix}(\boldsymbol{A}-\boldsymbol{B}\boldsymbol{f}^T\boldsymbol{H}\boldsymbol{C}) & -\boldsymbol{B}\boldsymbol{f}^T\boldsymbol{D}\\ (\boldsymbol{K}\boldsymbol{C}-\boldsymbol{M}\boldsymbol{B}\boldsymbol{f}^T\boldsymbol{H}\boldsymbol{C}) & (\tilde{\boldsymbol{A}}-\boldsymbol{M}\boldsymbol{B}\boldsymbol{f}^T\boldsymbol{D})\end{bmatrix}\begin{bmatrix}\boldsymbol{I}_n & \boldsymbol{0}\\ \boldsymbol{M} & \boldsymbol{I}_{n-l}\end{bmatrix}\boldsymbol{\xi}$$

$$=\begin{bmatrix}\{\boldsymbol{A}-\boldsymbol{B}\boldsymbol{f}^T\boldsymbol{H}\boldsymbol{C}\} & \{-\boldsymbol{B}\boldsymbol{f}^T\boldsymbol{D}\}\\ \{-\boldsymbol{M}(\boldsymbol{A}-\boldsymbol{B}\boldsymbol{f}^T\boldsymbol{H}\boldsymbol{C})+(\boldsymbol{K}\boldsymbol{C}-\boldsymbol{M}\boldsymbol{B}\boldsymbol{f}^T\boldsymbol{H}\boldsymbol{C})\} & \{\boldsymbol{M}\boldsymbol{B}\boldsymbol{f}^T\boldsymbol{D}+\tilde{\boldsymbol{A}}-\boldsymbol{M}\boldsymbol{B}\boldsymbol{f}^T\boldsymbol{D}\}\end{bmatrix}\begin{bmatrix}\boldsymbol{I}_n & \boldsymbol{0}\\ \boldsymbol{M} & \boldsymbol{I}_{n-l}\end{bmatrix}\boldsymbol{\xi}$$

$$=\begin{bmatrix}\boldsymbol{A}-\boldsymbol{B}\boldsymbol{f}^T\boldsymbol{H}\boldsymbol{C} & -\boldsymbol{B}\boldsymbol{f}^T\boldsymbol{D}\\ -\boldsymbol{M}\boldsymbol{A}+\boldsymbol{K}\boldsymbol{C} & \tilde{\boldsymbol{A}}\end{bmatrix}\begin{bmatrix}\boldsymbol{I}_n & \boldsymbol{0}\\ \boldsymbol{M} & \boldsymbol{I}_{n-l}\end{bmatrix}\boldsymbol{\xi}$$

$$=\begin{bmatrix}\boldsymbol{A}-\boldsymbol{B}\boldsymbol{f}^T(\boldsymbol{H}\boldsymbol{C}+\boldsymbol{D}\boldsymbol{M}) & -\boldsymbol{B}\boldsymbol{f}^T\boldsymbol{D}\\ -\boldsymbol{M}\boldsymbol{A}+\boldsymbol{K}\boldsymbol{C}+\tilde{\boldsymbol{A}}\boldsymbol{M} & \tilde{\boldsymbol{A}}\end{bmatrix}\boldsymbol{\xi}$$

$$=\begin{bmatrix}\boldsymbol{A}-\boldsymbol{B}\boldsymbol{f}^T & -\boldsymbol{B}\boldsymbol{f}^T\boldsymbol{D}\\ \boldsymbol{0} & \tilde{\boldsymbol{A}}\end{bmatrix}\boldsymbol{\xi}$$

$$=\hat{\boldsymbol{A}}\boldsymbol{\xi} \qquad (9.4.11)$$

$$\hat{\boldsymbol{A}}=\begin{bmatrix}\boldsymbol{A}-\boldsymbol{B}\boldsymbol{f}^T & -\boldsymbol{B}\boldsymbol{f}^T\boldsymbol{D}\\ \boldsymbol{0} & \tilde{\boldsymbol{A}}\end{bmatrix} \qquad (9.4.12)$$

で表すと、$\hat{\boldsymbol{A}}$の特性方程式は

$$|s\boldsymbol{I}-\hat{\boldsymbol{A}}|=\begin{vmatrix}s\boldsymbol{I}_n-\boldsymbol{A}+\boldsymbol{B}\boldsymbol{f}^T & \boldsymbol{B}\boldsymbol{f}^T\boldsymbol{D}\\ \boldsymbol{0} & s\boldsymbol{I}_{n-l}-\tilde{\boldsymbol{A}}\end{vmatrix}=|s\boldsymbol{I}_n-\boldsymbol{A}+\boldsymbol{B}\boldsymbol{f}^T|\cdot|s\boldsymbol{I}_{n-l}-\tilde{\boldsymbol{A}}|=0 \qquad (9.4.13)$$

となるから、レギュレータの特性根と状態観測器の特性根を分離して決定することができる。これを分離原理という。レギュレータを設計するときは、状態観測器の特性根をレギュレータの特性根よりも複素左半平面で左側にくるように配置する。

9．5　外乱オブザーバ

外乱は、制御系の制御量を目標とする値から乱す望ましくない外部入力である。これを制御する方法としては外乱の局所化、ハイゲイン方式、積分動作、内部構造可変制御、外乱オブザーバを用いた近似ゼロイング等があるが、ここでは最も実用的であると思われる外乱オブザーバを図示しておく。

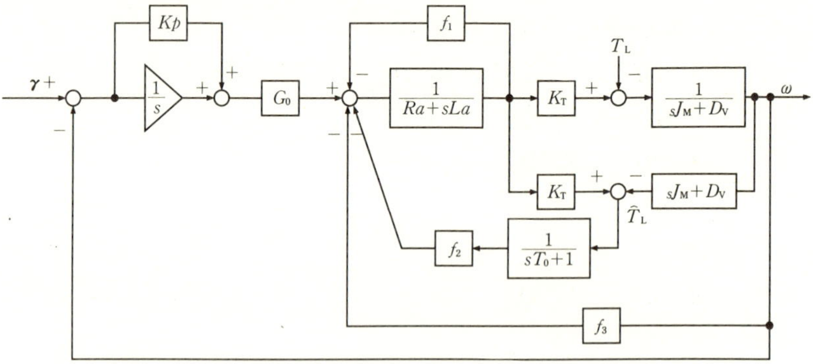

図９．３　外乱オブザーバを併用したDCモータの速度制御

これは、外乱オブザーバを用いて外乱を抑制する一手法を示したもので、$\hat{T}_L$が外乱T_Lの推定量である。そしてsJ_M+D_VはD_Vが他のパラメータと比較して小さいので無視すると、ωを微分した信号をフィードバックすることになるので加速度制御となる。

第10章　H^∞ 制御

H^∞ 制御理論は、周波数特性も考慮に入れた最適制御問題といえる。H は Hardy空間、∞は無限大ノルムを意味している。すなわち、安定でプロパーである有理関数の集合にノルムを定義して、Banach空間として取扱う方法である。

外乱入力を $\boldsymbol{w}(t)$、制御量を $\boldsymbol{z}(t)$ として、入出力関係を

$$\boldsymbol{Z}(j\omega)=\boldsymbol{G}_{zw}(j\omega)\boldsymbol{W}(j\omega) \qquad (10.\ 1)$$

で表わし、$\boldsymbol{G}_{zw}$ は安定でプロパーな伝達関数行列とする。L^2 ノルムを

$$\|\boldsymbol{G}_{zw}\|_2=\left(\frac{1}{2\pi}\int_{-\infty}^{\infty}\boldsymbol{G}^*{}_{zw}(j\omega)\boldsymbol{G}_{zw}(i\omega)d\omega\right)^{\frac{1}{2}} \qquad (10.\ 2)$$

で定義すると、H^∞ ノルムは

$$\|\boldsymbol{G}_{zw}\|_\infty=\sup_{\omega}(\lambda_{max}[\boldsymbol{G}^*{}_{zw}(j\omega)\boldsymbol{G}_{zw}(j\omega)])^{\frac{1}{2}} \qquad (10.\ 3)$$

で与えられる。ここに λ_{max} は最大特異値である。これより、H^∞ ノルム $\|\boldsymbol{G}_{zw}\|_\infty$ は外乱に対する最悪な応答を表していることが分かる。

H^∞ 制御系の設計とは、閉ループ系を安定化し、$\|\boldsymbol{G}_{zw}\|_\infty$ を最小にする動的補償器 $\boldsymbol{K}(s)$ を求めることである。ここでは設計法(13)のみを簡単に述べる。

(1)　状態フィードバックによる H^∞ 制御

系が

$$\dot{\boldsymbol{x}}=\boldsymbol{A}\boldsymbol{x}+\boldsymbol{B}_1\boldsymbol{w}+\boldsymbol{B}_2\boldsymbol{u}$$
$$\boldsymbol{z}=\boldsymbol{C}_1\boldsymbol{x}$$
$$\boldsymbol{y}=\boldsymbol{x} \qquad (10.\ 4)$$

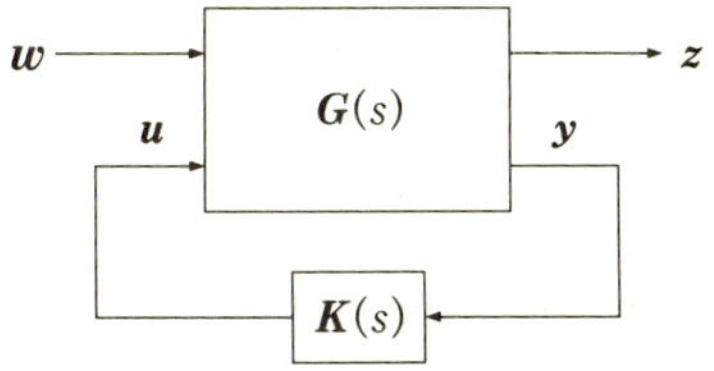

図10. 1　H∞ 制御系

で表されるものとする。設計目標を$\|\boldsymbol{G}_{zw}\|_{\infty}<\nu$としたとき、次のRiccati方程式

$$\boldsymbol{PA}+\boldsymbol{A}^T\boldsymbol{P}+\boldsymbol{P}\left(\frac{1}{\nu^2}\boldsymbol{B}_1\boldsymbol{B}_1{}^T-\boldsymbol{B}_2\boldsymbol{B}_2{}^T\right)\boldsymbol{P}+\boldsymbol{C}_1{}^T\boldsymbol{C}_1+\varepsilon\boldsymbol{I}=\boldsymbol{0}\quad(\varepsilon>0)\quad(10.\ 5)$$

の実正定解$\boldsymbol{P}$を求めれば、制御則$\boldsymbol{u}$は

$$\boldsymbol{u}=-\boldsymbol{Kx}=-\frac{1}{2}\boldsymbol{B}_2{}^T\boldsymbol{Px}\qquad(10.\ 6)$$

で得られる。

(2) 出力フィードバックによるH^{∞}制御

系を

$$\begin{aligned}\dot{\boldsymbol{x}}&=\boldsymbol{Ax}+\boldsymbol{B}_2\boldsymbol{u}+\boldsymbol{B}_1\boldsymbol{w}\\ \boldsymbol{z}&=\boldsymbol{C}_1\boldsymbol{x}\\ \boldsymbol{y}&=\boldsymbol{C}_2\boldsymbol{x}\end{aligned}\qquad(10.\ 7)$$

動的補償器を

$$\begin{aligned}\dot{\boldsymbol{\xi}}&=(\boldsymbol{A}+\frac{1}{\nu^2}\boldsymbol{B}_1\boldsymbol{B}_1{}^T\boldsymbol{P})\boldsymbol{\xi}+\boldsymbol{B}_2\boldsymbol{u}+\boldsymbol{H}(\boldsymbol{y}-\hat{\boldsymbol{y}})\\ \boldsymbol{u}&=-\frac{1}{2}\boldsymbol{B}_2{}^T\boldsymbol{P\xi}\\ \hat{\boldsymbol{y}}&=\boldsymbol{C}_2\boldsymbol{\xi}\end{aligned}\qquad(10.\ 8)$$

とする。ここに$\boldsymbol{H}\triangleq(\boldsymbol{I}-\frac{1}{\nu^2}\boldsymbol{QP})^{-1}\boldsymbol{QC}_2{}^T$、そして$\hat{\boldsymbol{y}}$は$\boldsymbol{y}$の推定量である。

この制御問題（中心解を求める問題とする）が可解であるためには、次の2つのRiccati方程式を満たす実正定解$\boldsymbol{P},\boldsymbol{Q}$が存在しなければならない。

$$\boldsymbol{PA}+\boldsymbol{A}^T\boldsymbol{P}+\boldsymbol{P}\left(\frac{1}{\nu^2}\boldsymbol{B}_1\boldsymbol{B}_1{}^T-\boldsymbol{B}_2\boldsymbol{B}_2{}^T\right)\boldsymbol{P}+\boldsymbol{C}_1\boldsymbol{C}_1{}^T+\varepsilon_1\boldsymbol{I}=\boldsymbol{0}\quad(\varepsilon_1>0)\qquad(10.\ 9)$$

$$\boldsymbol{AQ}+\boldsymbol{QA}^T+\boldsymbol{Q}\left(\frac{1}{\nu^2}\boldsymbol{C}_1{}^T\boldsymbol{C}_1-\boldsymbol{C}_2{}^T\boldsymbol{C}_2\right)\boldsymbol{Q}+\boldsymbol{B}_1{}^T\boldsymbol{B}_1+\varepsilon_2\boldsymbol{I}=\boldsymbol{0}\quad(\varepsilon_2>0)\qquad(10.\ 10)$$

$$\lambda_{max}(\boldsymbol{PQ}) < \nu^2 \qquad (10.\ 11)$$

上記の動的補償器は、系に最悪外乱$\frac{1}{\nu^2}\boldsymbol{B}_1{}^T\boldsymbol{Px}$が加わった場合の状態推定器となっている。

第11章　ディジタル制御

11．1　定義

ディジタル量(digital quantity)とは、単位量を定めて、量の大きさを単位量の整数倍で表した物理量で、信号をディジタル量（離散的な量）で表したものをディジタル信号（digital signal）という。制御系において離散時間でディジタル信号値を取扱うコントローラを用いた制御をディジタル制御（digital control)という。また、基準入力がディジタル量で与えられ、ディジタルコントローラで制御されるサーボ機構をディジタルサーボ機構という。

11．2　連続時間系の離散化

制御対象が

$$\dot{\boldsymbol{x}}(t)=\boldsymbol{A}\boldsymbol{x}(t)+\boldsymbol{B}\boldsymbol{u}(t)$$
$$\boldsymbol{y}(t)=\boldsymbol{C}\boldsymbol{x}(t) \qquad (11．2．1)$$

で表されるものとする。そして、$\boldsymbol{A}$は $n\times n$、$\boldsymbol{B}$は $n\times m$、$\boldsymbol{C}$は $l\times n$ 行列とする。この解はすでに与えてあるように

$$\boldsymbol{x}(t)=e^{A(t-t_0)}\boldsymbol{x}(t_0)+\int_{t_0}^{t}e^{A(t-\tau)}\boldsymbol{B}\boldsymbol{u}(\tau)d\tau \qquad (11．2．2)$$

となる。ここで、$t_0=\kappa T$、$t=(\kappa+1)T$ とおいて、サンプル点間で制御入力は一定であるとして$u(\tau)=u(\kappa T)$（$\kappa T\leq\tau<(\kappa+1)T$）で表すと、(11．2．2)式は

$$\boldsymbol{x}((\kappa+1)T)=e^{AT}\boldsymbol{x}(\kappa T)+\int_{\kappa T}^{(\kappa+1)T}e^{A((\kappa+1)T-\tau)}d\tau\cdot\boldsymbol{B}\boldsymbol{u}(\kappa T) \qquad (11．2．3)$$

と書き改められる。さらに積分変数の変換をして、$(\kappa+1)T-\tau=\eta$ とおくと

$$\begin{aligned}\boldsymbol{x}((\kappa+1)T)&=e^{AT}\boldsymbol{x}(\kappa T)+\int_0^T e^{A\eta}d\eta\cdot\boldsymbol{Bu}(\kappa T)\\&=e^{AT}\boldsymbol{x}(\kappa T)+\boldsymbol{A}^{-1}[e^{A\eta}]_0^T\boldsymbol{Bu}(\kappa T)\\&=e^{AT}\boldsymbol{x}(\kappa T)+\boldsymbol{A}^{-1}(e^{AT}-\boldsymbol{I})\boldsymbol{Bu}(\kappa T)\end{aligned}\qquad(11.\ 2.\ 4)$$

を得る。これより、$\boldsymbol{x}[\kappa]=\boldsymbol{x}(\kappa T)$、$\boldsymbol{A}_D=e^{AT}$、$\boldsymbol{B}_D=\boldsymbol{A}^{-1}(e^{AT}-\boldsymbol{I})\boldsymbol{B}$として、(11. 2. 4) 式は

$$\boldsymbol{x}[\kappa+1]=\boldsymbol{A}_D\boldsymbol{x}[\kappa]+\boldsymbol{B}_D\boldsymbol{u}[\kappa]\qquad(11.\ 2.\ 5)$$

となり、出力方程式は（11. 2. 1）式で $\boldsymbol{C}$ を $\boldsymbol{C}_D$ に書き改めると

$$\boldsymbol{y}[k]=\boldsymbol{C}_D\boldsymbol{x}[\kappa]\qquad(11.\ 2.\ 6)$$

となる。

11. 3　離散時間系

アナログ系をディジタル計算機を用いて制御する場合、入出力信号はサンプル周期Tで入出力されることになるので、ディジタル制御を行わなければならない。この場合、検出信号は $\boldsymbol{y}[\kappa]=\boldsymbol{y}(\kappa T)$、状態量は $\boldsymbol{x}[\kappa]=\boldsymbol{x}(\kappa T)$、そして制御入力は $\kappa T\leq t<(\kappa+1)T$ で一定として $\boldsymbol{u}[\kappa]=\boldsymbol{u}(\kappa T)$ で表わす。

いま、モータ速度制御系の構成を下図のように表すと、検出された状態量は、

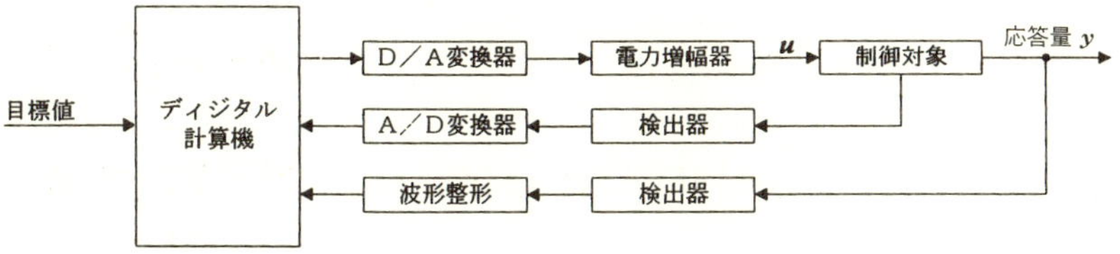

図11. 1　モータの速度制御系

A／D変換器によってディジタル信号に変換され、計算機に取り込まれる。制御対象の出力はシャフトエンコーダで検出され、波形整形された信号が計算機に取り込まれる。計算機では、それらの入出力信号より、制御則を計算し、出

力をする。計算機からの出力はディジタル信号であるので、そのままでは制御できない。従って、D／A変換器で０次ホールドをし、それを増幅して制御入力 $\boldsymbol{u}$ とする。０次ホールダとは、$\boldsymbol{u}[\kappa]$ の入力値を使って、$\kappa T \leq t < (\kappa+1)T$ での出力値 $\boldsymbol{y}(t)$ を一定（０次関数）にするホールド回路であり、１次ホールダとは $\boldsymbol{u}[\kappa-1]$ と $\boldsymbol{u}[\kappa]$ を $\kappa T \leq t < (\kappa+1)T$ において外挿し、出力値 $\boldsymbol{y}(t)$ を t の１次関数にするホールド回路である。０次ホールダ(0th order holder)を用いた場合の制御対象は（11．２．４）式より

$$\boldsymbol{x}[\kappa+1]=\boldsymbol{A}_D\boldsymbol{x}[\kappa]+\boldsymbol{B}_D\boldsymbol{u}[\kappa]$$
$$\boldsymbol{y}[\kappa]=\boldsymbol{C}_D\boldsymbol{x}[\kappa] \quad (\boldsymbol{C}_D=\boldsymbol{C}) \qquad (11.\ 3.\ 1)$$

で表されるので、ここでは１次ホールダ（first order holder）を用いた場合の制御対象の状態方程式と出力方程式を導く。
$\kappa T \leq t < (\kappa+1)T$ における入力を

$$\boldsymbol{u}(t)=\boldsymbol{u}[\kappa]+\frac{\boldsymbol{u}[\kappa]-\boldsymbol{u}[\kappa-1]}{T}(t-\kappa T) \qquad (11.\ 3.\ 2)$$

として、（11．２．３）式より

$$\boldsymbol{x}[\kappa+1]=exp(\boldsymbol{A}T)\boldsymbol{x}[\kappa]+\int_{\kappa T}^{(\kappa+1)T} exp\{\boldsymbol{A}((\kappa+1)T-\tau)\}$$
$$\boldsymbol{B}\left\{\boldsymbol{u}[\kappa]+\frac{\boldsymbol{u}[\kappa]-\boldsymbol{u}[\kappa-1]}{T}(\tau-\kappa T)\right\}d\tau \qquad (11.\ 3.\ 3)$$

$$=exp(\boldsymbol{A}T)\boldsymbol{x}[\kappa]+\int_{\kappa T}^{(\kappa+1)T} exp\{\boldsymbol{A}((\kappa+1)T-\tau)\}\boldsymbol{B}\boldsymbol{u}[\kappa]d\tau$$
$$+\int_{\kappa T}^{(\kappa+1)T} exp\{\boldsymbol{A}((\kappa+1)T-\tau)\}\boldsymbol{B}(\tau-\kappa T)\left(\frac{\boldsymbol{u}[\kappa]-\boldsymbol{u}[\kappa-1]}{T}\right)d\tau$$
$$(11.\ 3.\ 4)$$

（11．３．４）式の第２項

$$\int_{\kappa T}^{(\kappa+1)T} exp\{\boldsymbol{A}((\kappa+1)T-\tau)\}\boldsymbol{B}d\tau\cdot\boldsymbol{u}[\kappa] \qquad (11.\ 3.\ 5)$$

は積分変数 τ を $\tau'=(\kappa+1)T-\tau$ に変換して

$$\int_0^T exp(\boldsymbol{A}\tau')d\tau' \cdot \boldsymbol{Bu}[\kappa]=\boldsymbol{A}^{-1}[exp(\boldsymbol{A}T)-\boldsymbol{I}]\boldsymbol{Bu}[\kappa] \qquad (11.\ 3.\ 6)$$

となる。

（11．3．4）式の第3項

$$\int_{\kappa T}^{(\kappa+1)T} exp\{\boldsymbol{A}((\kappa+1)T-\tau)\}(\tau-\kappa T)d\tau \cdot \boldsymbol{B}\left(\frac{\boldsymbol{u}[\kappa]-\boldsymbol{u}[\kappa-1]}{T}\right)$$

は

$$\int_0^T exp\ (\boldsymbol{A}\tau')\cdot(T-\tau')d\tau' \cdot \boldsymbol{B}\left(\frac{\boldsymbol{u}[\kappa]-\boldsymbol{u}[\kappa-1]}{T}\right)$$

$$=\int_0^T exp(\boldsymbol{A}\tau')d\tau' \cdot \boldsymbol{B}(\boldsymbol{u}[\kappa]-\boldsymbol{u}[\kappa-1])$$

$$-\int_0^T \tau' exp(\boldsymbol{A}\tau')d\tau' \cdot \boldsymbol{B}\left(\frac{\boldsymbol{u}[\kappa]-\boldsymbol{u}[\kappa-1]}{T}\right)$$

$$=[\boldsymbol{A}^{-1}(exp(\boldsymbol{A}T)-\boldsymbol{I})\boldsymbol{B}](\boldsymbol{u}[\kappa]-\boldsymbol{u}[\kappa-1])$$

$$-[\{T\boldsymbol{A}^{-1}exp(\boldsymbol{A}T)-\boldsymbol{A}^{-2}(exp(\boldsymbol{A}T)-\boldsymbol{I})\}\boldsymbol{B}]\frac{(\boldsymbol{u}[\kappa]-\boldsymbol{u}[\kappa-1])}{T} \qquad (11.\ 3.\ 7)$$

となる。

（11．3．6）、（11．3．7）式を用いて、（11．3．4）式は

$$\boldsymbol{x}[k+1]=exp(\boldsymbol{A}T)\boldsymbol{x}[k]+[2\boldsymbol{A}^{-1}\{exp(\boldsymbol{A}T)-\boldsymbol{I}\}\boldsymbol{B}$$

$$-\left\{\boldsymbol{A}^{-1}exp(\boldsymbol{A}T)-\frac{1}{T}\boldsymbol{A}^{-2}(exp(\boldsymbol{A}T)-\boldsymbol{I})\right\}\boldsymbol{B}\Big]u[k]$$

$$+\Big[-\boldsymbol{A}^{-1}\{exp(\boldsymbol{A}T)-\boldsymbol{I}\}\boldsymbol{B}+\Big\{\boldsymbol{A}^{-1}exp(\boldsymbol{A}T)$$

$$-\frac{1}{T}\boldsymbol{A}^{-2}(exp(\boldsymbol{A}T)-\boldsymbol{I})\Big\}\boldsymbol{B}\Big]u[k-1] \qquad (11.\ 3.\ 8)$$

と書き改められる。

出力方程式は

$$\boldsymbol{y}[\kappa]=\boldsymbol{Cx}[\kappa] \qquad (11.\ 3.\ 9)$$

となる。

第12章　z 変換、逆 z 変換

サンプル値系は連続系の拡張として扱う方法（Linvillの方法）と不連続系として扱う方法があるが、ここでは、不連続系として取扱う。

12．1　z 変換

アナログ信号をサンプル周期 T でサンプリングすると

$$\{f(\kappa T)\}_{\kappa=-\infty}^{\infty}=\{f[\kappa]\}_{\kappa=-\infty}^{\infty} \qquad (12.1.1)$$

なる時系列が得られる。工学的には、$\kappa \geq 0$ の場合に意味をもつので、$f(\kappa T)=0$（$\kappa<0$）として

$$f^*(t)=\{f(\kappa T)\}_{\kappa=0}^{\infty}=\sum_{\kappa=0}^{\infty} f[\kappa]\delta(t-\kappa T) \qquad (12.1.2)$$

$$\delta(t-\kappa T)=\begin{cases}1\ ;\ t=\kappa T \\ 0\ ;\ t\neq\kappa T\end{cases}$$

なる信号系列を考える。ここに $\delta(0)$ は単位インパルスである。

（12．1．2）式をラプラス変換すると

$$F^*(s)=\mathcal{L}\{f^*(t)\}=\sum_{\kappa=0}^{\infty} f[\kappa]e^{-s\kappa T} \qquad (12.1.3)$$

となり、$z=e^{sT}$ とおくと

$$F(z)=\sum_{\kappa=0}^{\infty} f[\kappa]z^{-\kappa}=\sum_{\kappa=0}^{\infty} f(\kappa T)z^{-\kappa} \qquad (12.1.4)$$

と表され、この $F(z)$ を $f(\kappa T)$ の z 変換といい、$\mathfrak{z}\{f(\kappa T)\}$ または $\mathfrak{z}\{f[\kappa]\}$ で表す。また、$z^{-1}=e^{-sT}$ であるから、z^{-1} は物理的に 1 周期 T の遅れを表すオペレ

ータであることが分かる。

［例題13］ 次の関数の z 変換をせよ。ここで$u(t)$は単位階段関数とする。

(1)　$f(t)=(t-2T)u(t-2T).$　　(2)　$f(t)=e^{(t-T)}u(t-T).(|z|>1)$

［解］

(1)　$F(z)=\sum_{k=0}^{\infty}(k-2)Tu(kT-2T)\cdot z^{-k}=Tz^{-3}+2Tz^{-4}+3Tz^{-5}+\cdots$

$$=Tz^{-3}(1+2z^{-1}+3z^{-2}+\cdots)=\frac{Tz^{-3}}{(1-z^{-1})^2}=\frac{T}{z(z-1)^2}$$

(2)　$F(z)=\sum_{k=0}^{\infty}e^{(k-1)T}u(kT-T)\cdot z^{-k}=z^{-1}+e^{T}z^{-2}+e^{2T}z^{-3}+\cdots$

$$=z^{-1}(1+e^{T}z^{-1}+e^{2T}z^{-2}+\cdots)=\frac{z^{-1}}{1-e^{T}z^{-1}}=\frac{1}{z-e^{T}}$$

12．2　逆 z 変換

一般に像関数から原関数を求めることを逆変換（inverse transform）という。すなわち、z 変換した信号 $F(z)$ からサンプリング時点での信号列 $f(\kappa T)=f[\kappa]$ を求めることである。

逆 z 変換は

$$f(\kappa T)=\mathfrak{z}^{-1}\{F(z)\}=\frac{1}{2\pi j}\oint F(z)z^{\kappa-1}dz \qquad (12.\ 2.\ 1)$$

で与えられる。ここに $f(t)$ は連続関数、$F(z)$ は $f(t)$ の z 変換したものであり、閉積分路は $F(z)$ のすべての極を含むように左回りにとる。

（12．2．1）式が成立するのは、次のようにして確かめられる。

$$\oint F(z)z^{\kappa-1}dz=\oint\left\{\sum_{\kappa=0}^{\infty}f(\kappa T)z^{-\kappa}\right\}z^{\kappa-1}dz$$

$$=\oint\{f(0)+f(T)z^{-1}+\cdots+f(kT)z^{-\kappa}+\cdots\}z^{\kappa-1}dz$$

$$=\oint\{f(0)z^{\kappa-1}+f(T)z^{\kappa-2}+\cdots+f(\kappa T)z^{-1}+\cdots\}dz$$

$$=2\pi jf(\kappa T)$$

$$\therefore f(\kappa T)=\frac{1}{2\pi j}\oint F(z)z^{\kappa-1}dz \qquad (12.\ 2.\ 2)$$

12．2．1　巾級数展開法

$F(z)$ を z^{-1} の巾級数に展開し、逆変換を行う方法である。

$$F(z)=a_0+a_1z^{-1}+a_2z^{-2}\cdots+a_\kappa z^{-\kappa}+\cdots \qquad (12.\ 2.\ 3)$$

と展開されるとき、

$$f(\kappa T)=a_\kappa\text{、すなわち }\{f(\kappa T)\}=\{a_0,a_1,a_2,\cdots\} \qquad (12.\ 2.\ 4)$$

$$f^*(t)=a_0\delta(t)+a_1\delta(t-T)+a_2\delta(t-2T)+\cdots \qquad (12.\ 2.\ 5)$$

となる。

［例題14］　$F(z)=(z+1)/(z+2)$ の逆 z 変換を求めよ。

解

$$F(z)=(z+1)(z+2)^{-1}=(z+1)z^{-1}(1+2z^{-1})^{-1}=(1+z^{-1})(1+2z^{-1})^{-1}$$

$$=1-z^{-1}+2z^{-2}-4z^{-3}+8z^{-4}$$

$$\{f[\kappa]\}=\{1,-1,2,-4,8,\cdots\}$$

が得られる。

12．2．2　部分分数展開法

$F(z)$ を部分分数に展開し、逆変換をする方法である。

$$\frac{F(z)}{z}=\frac{a_0}{z}+\frac{a_1}{z-\lambda_1}+\frac{a_2}{z-\lambda_2}+\cdots+\frac{a\kappa}{z-\lambda\kappa}\cdots \qquad (12.\ 2.\ 6)$$

と部分分数に展開できたとき、

$$F(z)=a_0+\frac{a_1 z}{z-\lambda_1}+\frac{a_2 z}{z-\lambda_2}+\cdots+\frac{a_i z}{z-\lambda_i}+\cdots \qquad (12.\ 2.\ 7)$$

と書き改められるから

$$f(\kappa T)=a_0\delta_{\kappa,0}+a_1\lambda_1{}^{\kappa}+a_2\lambda_2{}^{\kappa}+\cdots+a_i\lambda_i{}^{\kappa}+\cdots \qquad (12.\ 2.\ 8)$$

となる。

また

$$F(z)=a_0+\frac{b_3 z}{(z-\lambda_1)^3}+\frac{b_2 z}{(z-\lambda_1)^2}+\frac{b_1 z}{z-\lambda_1}+\frac{a_2 z}{z-\lambda_2}+\cdots \qquad (12.\ 2.\ 9)$$

のような場合は

$$\mathfrak{z}\{\lambda_i^{\kappa}\}=\frac{z}{z-\lambda_i}\longrightarrow \mathfrak{z}^{-1}\left\{\frac{z}{z-\lambda_i}\right\}=\lambda_i^{\kappa} \qquad (12.\ 2.\ 10)$$

上式の両辺を λ_i で微分して

$$\mathfrak{z}\{\kappa\lambda_i^{\kappa-1}\}=\frac{z}{(z-\lambda_i)^2}\longrightarrow \mathfrak{z}^{-1}\left\{\frac{z}{(z-\lambda_i)^2}\right\}=\kappa\lambda_i^{\kappa-1} \qquad (12.\ 2.\ 11)$$

さらに両辺を λ_i で微分すると

$$\mathfrak{z}\{\kappa(\kappa-1)\lambda_i^{\kappa-2}\}=\frac{2z}{(z-\lambda_i)^3}\longrightarrow \mathfrak{z}^{-1}\left\{\frac{z}{(z-\lambda_i)^3}\right\}=\frac{1}{2!}\kappa(\kappa-1)\lambda_i^{\kappa-2} \qquad (12.\ 2.\ 12)$$

となるから、(12. 2. 10)、(12. 2. 11)、(12. 2. 12)、そして (12. 2. 9) 式より

$$f(\kappa T)=\mathfrak{z}^{-1}\{F(z)\}$$

$$=a_0\delta_{\kappa,0}+\frac{b_3}{2!}\kappa(\kappa-1)\lambda_1^{\kappa-2}+b_2\kappa\lambda_1^{\kappa-1}+b_1\lambda_1^{\kappa}+a_2\lambda_2^{\kappa}+\cdots \qquad (12.\ 2.\ 13)$$

となる。

［例題15］ $F(z)=\dfrac{(z-4)}{(z-1)(z-2)}$ を逆変換せよ。

解　$\dfrac{F(z)}{z}$ を部分分数に展開すると

$$\frac{F(z)}{z}=\frac{z-4}{z(z-1)(z-2)}=\frac{-2}{z}+\frac{3}{z-1}+\frac{-1}{z-2}$$

となり、両辺に z を掛けて

$$F(z)=-2+\frac{3z}{z-1}-\frac{z}{z-2}$$

となる。これを逆 z 変換して、次式を得る。

$$f[\kappa]=-2\delta_{\kappa,0}+3-2^{\kappa}$$

12．2．3　逆変換公式による方法

これは、(12．2．1) 式を用いて逆変換をする方法である。

[例題 16] 例題15の $F(z)$ を逆 z 変換する。

解

$$f[\kappa]=\frac{1}{2\pi j}\oint\frac{z-4}{(z-1)(z-2)}z^{\kappa-1}dz$$

であるから、$\kappa=0$ では

$$f[0]=\frac{1}{2\pi j}\oint\frac{z-4}{z(z-1)(z-2)}dz=\frac{1}{2\pi j}\oint\left\{-\frac{2}{z}+\frac{3}{z-1}-\frac{1}{z-2}\right\}dz$$

$$=-2+3-1=0$$

$\kappa\geq 1$ では、Cauchyの積分公式を使って

$$f[\kappa]=\frac{1}{2\pi j}\oint\left\{\frac{3}{z-1}-\frac{2}{z-2}\right\}z^{k-1}dz=3\cdot 1^{k-1}-2\cdot 2^{k-1}=3-2^{k}$$

となる。別解として、各持異点 $\lambda_1=1,\lambda_2=2$ の近傍でそれぞれ 微小半径の単一閉曲線 $C_i(i=1,2)$ を積分路にとれば

$$f[\kappa]=\frac{1}{2\pi j}\left(\int_{c_1}\frac{3}{z-1}dz+\int_{c_2}\frac{2\cdot 2^{k-1}}{z-2}dz\right)=3-2^{k}$$

が求まる。

［例題17］　次の関数の逆 z 変換せよ。

(1)　$f(z)=\dfrac{1}{z-e^{-3T}}$.　　　(2)　$f(z)=\dfrac{1}{(z-3)^2}$

［解］

(1)　$k=0$ のとき

$$f(0)=\frac{1}{2\pi j}\oint\frac{1}{z(z-e^{-3T})}dz=\frac{1}{2\pi j}\oint\left\{-\frac{e^{3T}}{z}+\frac{e^{3T}}{z-e^{-3T}}\right\}dz$$
$$=-e^{3T}+e^{3T}=0$$

$k\neq 0$ のとき

$$f(kT)=\frac{1}{2\pi j}\oint\frac{1}{z-e^{-3T}}z^{k-1}dz$$

Cauchy の積分公式を使って

$$f(kT)=(e^{-3T})^{k-1}=e^{-3(k-1)T}$$

［別解］特異点 $p=e^{-3T}$ を中心とする微小半径 γ の閉積分路を cp として

$$f(kT)=\frac{1}{2\pi j}\oint\frac{z^{k-1}}{z-e^{-3T}}dz=\frac{1}{2\pi j}\int_{Cp}\frac{e^{-3(k-1)T}}{z-e^{-3T}}dz=e^{-3(k-1)T}$$

(2)　$k=0$ のとき

$$f(0)=\frac{1}{2\pi j}\oint\frac{1}{z(z-3)^2}dz$$
$$=\frac{1}{2\pi j}\oint\left\{\frac{1}{9}\cdot\frac{1}{z}-\frac{1}{9}\cdot\frac{1}{z-3}+\frac{1}{3}\cdot\frac{1}{(z-3)^2}\right\}dz$$
$$=\frac{1}{9}-\frac{1}{9}=0$$

$k \neq 0$ のとき

$$\frac{1}{2\pi j}\oint \frac{z^{k-1}}{z-\alpha}dz=\alpha^{k-1}$$

であるから、両辺を α で微分して（Gaursat の公式）

$$\frac{1}{2\pi j}\oint \frac{z^{k-1}}{(z-\alpha)^2}dz=(k-1)\alpha^{k-2}$$

となる。上式で $\alpha=3$ とおくと

$$\frac{1}{2\pi j}\oint \frac{1}{(z-3)^2}z^{k-1}dz=(k-1)3^{k-2}$$

$$\therefore \mathfrak{z}^{-1}\left\{\frac{1}{(z-3)^2}\right\}=f(kT)=(k-1)3^{k-2}$$

12．3　z 変換公式

12．3．1　初期値定理

極限が存在するならば、次式が成立する。

$$\lim_{\kappa\to 0} f(\kappa T)=\lim_{z\to\infty} F(z) \quad (12.\ 3.\ 1)$$

証明

$$F(z)=\sum_{\kappa=0}^{\infty} f(\kappa T)z^{-\kappa}=f(0)+f(T)z^{-1}+f(2T)z^{-2}+\cdots+f(nT)z^{-n}+\cdots \quad (12.\ 3.\ 2)$$

$$\lim_{z\to\infty} F(z)=f(0)$$

12．3．2　中間値の定理

極限が存在するならば、次式が成立する。

$$f(\kappa T)=\lim_{z\to\infty}\frac{1}{\kappa!}\left(-z^2\frac{d}{dz}\right)^{\kappa}F(z) \quad (12.\ 3.\ 4)$$

証明

（12．3．2）式に演算子 $\left(-z^2\frac{d}{dz}\right)$ を施すと

$$-z^2\frac{dF(z)}{dz}=f(T)+2f(2T)z^{-1}+3f(3T)z^{-2}+\cdots \qquad (12.\ 3.\ 5)$$

これより

$$f(T)=\lim_{z\to\infty}\left(-z^2\frac{dF(z)}{dz}\right) \qquad (12.\ 3.\ 6)$$

$$f(2T)=\lim_{z\to\infty}\frac{1}{2!}\left(-z^2\frac{d}{dz}\right)\left(-z^2\frac{dF(z)}{dz}\right)=\lim_{z\to\infty}\left(-z^2\frac{d}{dz}\right)^2F(z) \qquad (12.\ 3.\ 7)$$

一般に

$$f(\kappa T)=\lim_{z\to\infty}\frac{1}{\kappa!}\left(-z^2\frac{d}{dz}\right)^{\kappa}F(z) \qquad (12.\ 3.\ 8)$$

となる。

12．3．3　最終値の定理

$(z-1)F(z)$ の関数が z 平面の単位円内のみに極を有するならば、

$$\lim_{\kappa\to\infty}f(\kappa T)=\lim_{z\to 1}(z-1)F(z) \qquad (12.\ 3.\ 9)$$

が成立する。

証明

$$\mathfrak{z}\{f[\kappa+1]-f[\kappa]\}=\sum_{\kappa=0}^{\infty}(f[\kappa+1]-f[\kappa])z^{-\kappa} \qquad (12.\ 3.\ 10)$$

これは

$$z(F(z)-f(0))-F(z)=\lim_{n\to\infty}\sum_{\kappa=0}^{n}(f[\kappa+1]-f[\kappa])z^{-\kappa} \qquad (12.\ 3.\ 11)$$

と表すことができるから、$z\to 1$ の極限をとると

$$\lim_{z\to 1}(z-1)F(z)-f(0)=\lim_{n\to\infty}\sum_{\kappa=0}^{n}(f[\kappa+1]-f[\kappa])$$

$$=\lim_{n\to\infty} f[n+1]-f(0) \qquad (12.\ 3.\ 12)$$

となる。ゆえに

$$f(\infty)=\lim_{z\to 1}(z-1)F(z) \qquad (12.\ 3.\ 13)$$

12．3．4　その他の定理

(1)　$\mathfrak{z}\{f^*(t-iT)u(t-iT)\}=z^{-i}\mathfrak{z}\{f^*(t)\}$ 　(12．3．14)

証明

$$\mathfrak{z}\{f^*(t-iT)u(t-iT)\}=\sum_{\kappa=0}^{\infty}f((\kappa-i)T)u((\kappa-i)T)z^{-\kappa}$$

$$=z^{-i}\sum_{\kappa=0}^{\infty}f((\kappa-i)T)u((\kappa-i)T)z^{-(\kappa-i)}$$

$$=z^{-i}\sum_{\kappa=i}^{\infty}f((\kappa-i)T)u((\kappa-i)T)z^{-(\kappa-i)}$$

$$=z^{-i}\sum_{n=0}^{\infty}f(nT)z^{-n}=z^{-i}\mathfrak{z}\{f[n]\}$$

$$=z^{-i}F(z) \qquad (12.\ 3.\ 15)$$

(2)　$\mathfrak{z}\{f^*(t+iT)\}=z^{i}\mathfrak{z}\{f^*(t)\}-\sum_{\kappa=0}^{i-1}z^{i-\kappa}f(\kappa T),\quad i=1,2,\cdots$ 　(12．3．16)

証明

$$\sum_{\kappa=0}^{\infty}f((\kappa+i)T)z^{-\kappa}=z^{i}\sum_{\kappa=0}^{\infty}f((\kappa+i)T)z^{-(\kappa+i)}$$

$$=z^{i}\left[\sum_{\kappa=-i}^{\infty}f((\kappa+i)T)z^{-(\kappa+i)}-\sum_{\kappa=-i}^{-1}f((\kappa+i)T)z^{-(\kappa+i)}\right]$$

$$=z^{i}\left[\sum_{n=0}^{\infty}f(nT)z^{-n}-\{f(0)+f(T)z^{-1}+\cdots +f((i-1)T)z^{-(i-1)}\}\right]$$

$$=z^i\sum_{n=0}^{\infty}f(nT)z^{-n}-\{f(0)z^i+f(T)z^{i-1}+\cdots$$

$$+f((i-1)T)z\}$$

$$=z^i\mathfrak{z}\{f^*(t)\}-\sum_{\kappa=0}^{i-1}f(\kappa T)z^{i-\kappa}$$

$$=z^iF(z)-\sum_{\kappa=0}^{i-1}f(\kappa T)z^{i-\kappa} \qquad (12.\ 3.\ 17)$$

(3)　$\mathfrak{z}\{(e^{ct}f(t))^*\}=F(e^{-cT}z)$　(12. 3. 18)

証明

$$\mathfrak{z}\{(e^{ct}f(t))^*\}=\sum_{\kappa=0}^{\infty}e^{c\kappa T}f(\kappa T)z^{-\kappa}=\sum_{\kappa=0}^{\infty}f(\kappa T)(ze^{-cT})^{-\kappa}=F(ze^{-cT})$$

(12. 3. 19)

(4)　$\mathfrak{z}\{(t^nf(t))^*\}=\left(-Tz\dfrac{d}{dz}\right)^nF(z)$

証明

$$\mathfrak{z}\{(t^nf(t))^*\}=\sum_{\kappa=0}^{\infty}k^nT^nf(kT)z^{-\kappa}=T^n\sum_{\kappa=0}^{\infty}f(kT)k^nz^{-\kappa}$$

$$=T^n\sum_{\kappa=0}^{\infty}f(kT)\left(-z\frac{d}{dz}\right)^nz^{-\kappa}=\left(-Tz\frac{d}{dz}\right)^n\sum_{\kappa=0}^{\infty}f(kT)z^{-\kappa}$$

$$=\left(-Tz\frac{d}{dz}\right)^nF(z)$$

12. 4　線形差分方程式の解法

システムが線形であるとき、出力信号列 $\{y[\kappa]\}$ と入力信号列 $\{u[\kappa]\}$ の関係を線形差分方程式で表すことができる。

$$y[\kappa]=\sum_{i=1}^{n}a_iy[\kappa-i]+\sum_{i=1}^{m}b_iu[\kappa-i] \qquad (12.\ 4.\ 1)$$

ただし、$\kappa<0$ のとき、$y[\kappa]=u[\kappa]=0$ とする。

(12. 4. 1) 式の両辺を z 変換すると、

$$\mathfrak{z}\{y[\kappa]\}=\sum_{i=1}^{n}a_i z^{-i}\mathfrak{z}\{y[\kappa]\}+\sum_{i=1}^{m}b_i z^{-i}\mathfrak{z}\{u[\kappa]\} \tag{12.4.2}$$

これより

$$\mathfrak{z}\{y[\kappa]\}=\frac{\sum_{i=1}^{m}b_i z^{-i}}{\left(1-\sum_{i=1}^{n}a_i z^{-i}\right)}\mathfrak{z}\{u[\kappa]\} \tag{12.4.3}$$

$\mathfrak{z}\{y[\kappa]\}$ を $Y(z)$、$\mathfrak{z}\{u[\kappa]\}$ を $U(z)$ で表すと、上式は

$$Y(z)=G(z)U(z) \tag{12.4.4}$$

$$G(z)=\sum_{i=1}^{m}b_i z^{-i}\Big/\left(1-\sum_{i=1}^{n}a_i z^{-i}\right) \tag{12.4.5}$$

と書き改められ、$G(z)$ を離散時間系の伝達関数という。

［例題18］

$y[0]=0$、$y[1]=1$ で与えられるとき、差分方程式

$$y[\kappa+2]-5y[\kappa+1]+6y[\kappa]=4$$

を解け。

解

$$\mathfrak{z}\{y[\kappa+2]\}-5\mathfrak{z}\{y[\kappa+1]\}+6\mathfrak{z}\{y[\kappa]\}=\frac{4z}{z-1}$$

$\mathfrak{z}\{y[\kappa]\}=Y(z)$ とおくと

$$(z^2Y(z)-z^2y[0]-zy[1])-5(zY(z)-zy[0])+6Y(z)=\frac{4z}{z-1}$$

$$(z^2-5z+6)Y(z)=z+\frac{4z}{z-1}$$

$$Y(z)=\frac{z^2+3z}{(z-1)(z-2)(z-3)}$$

$$\frac{Y(z)}{z}=\frac{z+3}{(z-1)(z-2)(z-3)}$$

$$=2\frac{1}{z-1}-5\frac{1}{z-2}+3\frac{1}{z-3}$$

$$Y(z)=2\frac{z}{z-1}-5\frac{z}{z-2}+3\frac{z}{z-3}$$

となる。これを逆 z 変換すると

$$\mathfrak{z}^{-1}\{Y(z)\}=2\mathfrak{z}^{-1}\left\{\frac{z}{z-1}\right\}-5\mathfrak{z}^{-1}\left\{\frac{z}{z-2}\right\}+3\mathfrak{z}^{-1}\left\{\frac{z}{z-3}\right\}$$

$$y[\kappa]=2-5\cdot 2^{\kappa}+3\cdot 3^{\kappa}$$

を得る。

第13章　パルス伝達関数行列

13. 1　伝達関数、伝達関数行列

離散時間系を

$$\boldsymbol{x}[\kappa+1]=\boldsymbol{A}\boldsymbol{x}[\kappa]+\boldsymbol{B}\boldsymbol{u}[\kappa] \qquad (\boldsymbol{A}\in\boldsymbol{R}^{n\times n},\boldsymbol{B}\in\boldsymbol{R}^{n\times m}) \qquad (13.\ 1.\ 1)$$
$$\boldsymbol{y}[\kappa]=\boldsymbol{C}\boldsymbol{x}[\kappa]+\boldsymbol{D}\boldsymbol{u}[\kappa] \qquad (\boldsymbol{C}\in\boldsymbol{R}^{l\times n},\boldsymbol{D}\in\boldsymbol{R}^{l\times n})$$

とし、z 変換をすると

$$\begin{aligned} z\boldsymbol{X}(z)-z\boldsymbol{x}(0)&=\boldsymbol{A}\boldsymbol{X}(z)+\boldsymbol{B}\boldsymbol{U}(z)\\ \boldsymbol{Y}(z)&=\boldsymbol{C}\boldsymbol{X}(z)+\boldsymbol{D}\boldsymbol{U}(z)\end{aligned} \qquad (13.\ 1.\ 2)$$

となる。ここに、$\mathfrak{z}\{\boldsymbol{x}[k]\}=\boldsymbol{X}(z)$、$\mathfrak{z}\{\boldsymbol{u}[k]\}=\boldsymbol{U}(z)$ そして $\mathfrak{z}\{\boldsymbol{y}[k]\}=\boldsymbol{Y}(z)$ とした。(13. 1. 2) 式を整理すると

$$\begin{aligned} \boldsymbol{X}(z)&=[z\boldsymbol{I}-\boldsymbol{A}]^{-1}z\boldsymbol{x}[0]+[z\boldsymbol{I}-\boldsymbol{A}]^{-1}\boldsymbol{B}\boldsymbol{U}(z)\\ \boldsymbol{Y}(z)&=\boldsymbol{C}[z\boldsymbol{I}-\boldsymbol{A}]^{-1}z\boldsymbol{x}[0]+(\boldsymbol{C}[z\boldsymbol{I}-\boldsymbol{A}]^{-1}\boldsymbol{B}+\boldsymbol{D})\boldsymbol{U}(z)\end{aligned} \qquad (13.\ 1.\ 3)$$

となり、$\boldsymbol{x}(0)=\boldsymbol{0}$ とおいて

$$\begin{aligned} \boldsymbol{Y}(z)&=\boldsymbol{G}(z)\boldsymbol{U}(z)\\ \boldsymbol{G}(z)&=\boldsymbol{C}[z\boldsymbol{I}-\boldsymbol{A}]^{-1}\boldsymbol{B}+\boldsymbol{D}\end{aligned} \qquad (13.\ 1.\ 4)$$

と表したときの $\boldsymbol{G}(z)$ をパルス伝達関数行列 (pulse transfer matrix) という。とくに、系が１入力、１出力のとき、パルス伝達関数という。
また、特性方程式

$$|z\boldsymbol{I}-\boldsymbol{A}|=0 \qquad (13.\ 1.\ 5)$$

の根を離散時間系の極（pole）という。

　可逆系（$\boldsymbol{G}(z)$ が $min(m,l)$ のrankをもつ）の場合

$$\boldsymbol{E}(z)=\begin{bmatrix}\boldsymbol{A}-z\boldsymbol{I} & \boldsymbol{B}\\ \boldsymbol{C} & \boldsymbol{D}\end{bmatrix} \tag{13.1.6}$$

をシステム行列といい、

$$det(\boldsymbol{E}(z))=0 \tag{13.1.7}$$

を満たす $\boldsymbol{z}$ を離散時間系の零点という。１入力１出力のときは

$$\begin{aligned}\begin{vmatrix}\boldsymbol{A}-z\boldsymbol{I} & \boldsymbol{b}\\ \boldsymbol{c} & d\end{vmatrix}&=\begin{vmatrix}\boldsymbol{A}-z\boldsymbol{I} & \boldsymbol{b}\\ 0 & d-\boldsymbol{c}[\boldsymbol{A}-z\boldsymbol{I}]^{-1}\boldsymbol{b}\end{vmatrix}=|\boldsymbol{A}-z\boldsymbol{I}|\cdot(d-\boldsymbol{c}[\boldsymbol{A}-z\boldsymbol{I}]^{-1}\boldsymbol{b})\\ &=(-1)^n|z\boldsymbol{I}-\boldsymbol{A}|(d+\boldsymbol{c}[z\boldsymbol{I}-\boldsymbol{A}]^{-1}\boldsymbol{b})\\ &=(-1)^n\{d|z\boldsymbol{I}-\boldsymbol{A}|+\boldsymbol{c}adj(z\boldsymbol{I}-\boldsymbol{A})\boldsymbol{b}\}=0\end{aligned} \tag{13.1.8}$$

となり、

$$d|z\boldsymbol{I}-\boldsymbol{A}|+\boldsymbol{c}adj(z\boldsymbol{I}-\boldsymbol{A})\boldsymbol{b}=0 \tag{13.1.9}$$

の根が零点となる。

13．2　０次ホールダと１次ホールダ

　離散時間系では、ホールダによって伝達関数行列が異なる。ここでは０次ホールドと１次ホールドをした場合について述べる。

13．2．1　０次ホールド

　離散時間系が

$$\begin{aligned}\boldsymbol{x}[\kappa+1]&=\boldsymbol{A}\boldsymbol{x}[\kappa]+\boldsymbol{B}\boldsymbol{u}[\kappa]\\ \boldsymbol{y}[\kappa]&=\boldsymbol{C}\boldsymbol{x}[\kappa]\end{aligned} \tag{13.2.1}$$

で表わされるものとし、z変換後、$\boldsymbol{x}[0]=\boldsymbol{0}$ とおいて整理すると

$$\begin{cases} \boldsymbol{X}(z)=[z\boldsymbol{I}-\boldsymbol{A}]^{-1}\boldsymbol{B}\boldsymbol{U}(z) \\ \boldsymbol{Y}(z)=\boldsymbol{C}\boldsymbol{X}(z) \end{cases} \quad (13.\ 2.\ 2)$$

となる。(13. 2. 2) 式より

$$\boldsymbol{Y}(z)=\boldsymbol{C}[z\boldsymbol{I}-\boldsymbol{A}]^{-1}\boldsymbol{B}\boldsymbol{U}(z) \quad (13.\ 2.\ 3)$$

となるから、パルス伝達関数行列 $\boldsymbol{G}(z)$ は

$$\boldsymbol{G}(z)=\boldsymbol{C}[z\boldsymbol{I}-\boldsymbol{A}]^{-1}\boldsymbol{B} \quad (13.\ 2.\ 4)$$

となる。

13. 2. 2　1次ホールド

(11. 3. 8) 式は

$$\boldsymbol{x}[k+1]=\boldsymbol{A}_1\boldsymbol{x}[k]+\boldsymbol{B}_1\boldsymbol{u}[k-1]+\boldsymbol{B}_2\boldsymbol{u}[k] \quad (13.\ 2.\ 5)$$

$$\boldsymbol{A}_1=exp(\boldsymbol{A}T)$$

$$\boldsymbol{B}_1=-\boldsymbol{A}^{-1}\{exp(\boldsymbol{A}T)-\boldsymbol{I}\}\boldsymbol{B}+\left\{\boldsymbol{A}^{-1}exp(\boldsymbol{A}T)-\frac{1}{T}\boldsymbol{A}^{-2}(exp(\boldsymbol{A}T)-\boldsymbol{I})\right\}\boldsymbol{B}$$

$$\boldsymbol{B}_2=2\boldsymbol{A}^{-1}\{exp(\boldsymbol{A}T)-\boldsymbol{I}\}\boldsymbol{B}-\left\{\boldsymbol{A}^{-1}exp(\boldsymbol{A}T)-\frac{1}{T}\boldsymbol{A}^{-2}(exp(\boldsymbol{A}T)-\boldsymbol{I})\right\}\boldsymbol{B}$$

と書き改められるから、上式を z 変換して全ての初期値を零とおくと

$$z\boldsymbol{X}(z)=\boldsymbol{A}_1\boldsymbol{X}(z)+\boldsymbol{B}_1z^{-1}\boldsymbol{U}(z)+\boldsymbol{B}_2\boldsymbol{U}(z)$$

$$\boldsymbol{X}(z)=[z\boldsymbol{I}-\boldsymbol{A}_1]^{-1}[\boldsymbol{B}_1z^{-1}+\boldsymbol{B}_2]\boldsymbol{U}(z) \quad (13.\ 2.\ 6)$$

となる。同様にして、(11. 3. 9) 式は

$$\boldsymbol{Y}(z)=\boldsymbol{C}\boldsymbol{X}(z) \tag{13.2.7}$$

と表されるから

$$\boldsymbol{Y}(z)=\boldsymbol{C}[z\boldsymbol{I}-\boldsymbol{A}_1]^{-1}[\boldsymbol{B}_1z^{-1}+\boldsymbol{B}_2]\boldsymbol{U}(z) \tag{13.2.8}$$

となり、パルス伝達関数行列 $\boldsymbol{G}(z)$ は

$$\boldsymbol{G}(z)=\boldsymbol{C}[z\boldsymbol{I}-\boldsymbol{A}_1]^{-1}[\boldsymbol{B}_1z^{-1}+\boldsymbol{B}_2] \tag{13.2.9}$$

で得られる。

第14章　系の安定性

系の安定判別（determination of stability）は制御系が安定か不安定かを判別するもので、判別法としては、系の特性方程式の根より判別する方法、双一次変換法、Juryの安定判別法、Lyapunovの安定判別法などがある。以下、これらの安定判別法について説明する。

14．1　特性根による安定判別法

$$\boldsymbol{x}[k+1]=\boldsymbol{A}\boldsymbol{x}[k] \tag{14. 1. 1}$$

をモード展開する。$\boldsymbol{A}$がすべて相異なる固有値$\{\lambda_i\}$をもつものとして、それに対応する固有ベクトルを$\{\boldsymbol{v}_i\}$とすると$\boldsymbol{T}=[\boldsymbol{v}_1\boldsymbol{v}_2\cdots\boldsymbol{v}_n]$は対角変換行列となるから

$$\boldsymbol{x}[k]=\boldsymbol{T}\boldsymbol{z}[k] \tag{14. 1. 2}$$

とおいて、変数変換をすると

$$\boldsymbol{z}[k+1]=\boldsymbol{T}^{-1}\boldsymbol{A}\boldsymbol{T}\boldsymbol{z}[k]=\boldsymbol{\Lambda}\boldsymbol{z}[k] \tag{14. 1. 3}$$

$$\boldsymbol{\Lambda}=\begin{bmatrix}\lambda_1 & & & \boldsymbol{0}\\ & \lambda_2 & & \\ & & \ddots & \\ \boldsymbol{0} & & & \lambda_n\end{bmatrix},\ \boldsymbol{z}[k]=\begin{bmatrix}z_1[k]\\ \vdots\\ z_n[k]\end{bmatrix}$$

が得られる。これより、漸化式は

$$z_i[k+1]=\lambda_i z_i[k]=\lambda_i^{k+1}z_i[0] \tag{14. 1. 4}$$

となり、(14．1．2）式より

$$x[k]=v_1z_1[k]+v_2z_2[k]+\cdots+v_nz_n[k]$$
$$=\lambda_1^{\kappa}z_1[0]v_1+\lambda_2^{\kappa}z_2[0]v_2+\cdots+\lambda_n^{\kappa}z_n[0]v_n \qquad (14．1．5)$$

を得る。これをモード展開という。

(14．1．5)式より $|\lambda_\kappa|<1$ のとき、$x(\infty)=0$ となり、漸近安定になることが分かる。$|\lambda_\kappa|<1$ ということは、固有値 λ_κ が複素平面の単位円内に存在することである。

z が重根をもつ場合も

$$J=\begin{bmatrix}\lambda_i & 1 & & & \mathbf{0} \\ & \lambda_i & 1 & & \\ & & \lambda_i & \ddots & \\ & & & \ddots & 1 \\ \mathbf{0} & & & & \lambda_i\end{bmatrix} \qquad (14．1．6)$$

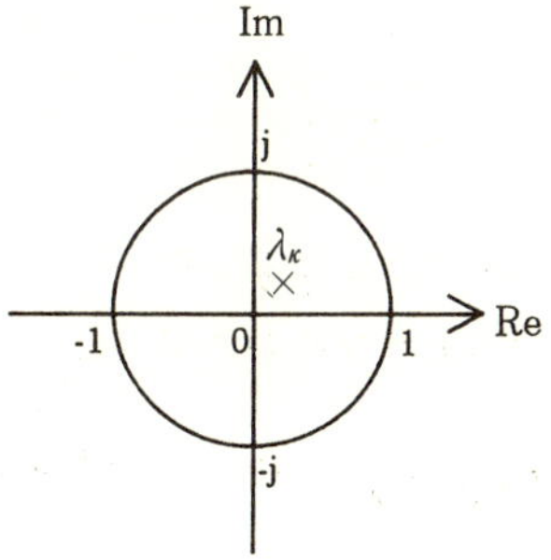

図14．1　複素平面

とすると

$$z[k+1]=Jz[k]=J^{\kappa+1}z[0] \qquad (14．1．7)$$

が得られるから、$|\lambda_\kappa|<1$ のとき漸近安定になることが分かる。Aのすべての固有値の絶対値が1未満になるならば安定行列といわれる。

［例題19］特性方程式が

$$z^2+0.4z-0.05=0$$

で表される系の安定性を調べよ。

解

$$z^2+0.4z-0.05=(z+0.5)(z-0.1)=0$$

固有値は $\lambda_1=-0.5$、$\lambda_2=0.1$ となり、いずれも絶対値が1より小さいので系は安定である。

14．2　双一次変換法

特性多項式の係数から安定判別することができる。$\boldsymbol{A}$の特性多項式を

$$P(z)=|z\boldsymbol{I}-\boldsymbol{A}|=a_nz^n+a_{n-1}z^{n-1}+\cdots+a_1z+a_0 \qquad (14.\ 2.\ 1)$$

とすると

$$z=\frac{s+1}{s-1} \qquad (14.\ 2.\ 2)$$

とおくことによって

$|z|<1$ となる条件が $Re(s)<0$ となる条件に変えられる。すなわち、多項式

$P\left(\dfrac{s+1}{s-1}\right)$ についてRouth-Hurwitz の判別法を適用することができる。

これは次のようにして証明される。

$$s=\sigma+j\omega \qquad (14.\ 2.\ 3)$$

とおくと、(14．2．2) 式は

$$z=\frac{(\sigma+1)+jw}{(\sigma-1)+jw}$$

$$=\frac{\sigma^2+\omega^2-1-j2\omega}{(\sigma-1)^2+\omega^2} \qquad (14.\ 2.\ 4)$$

となり、ここで

$$z=x+jy \qquad (14.\ 2.\ 5)$$

とおくと、変数変換

$$x=\frac{\sigma^2+\omega^2-1}{(\sigma-1)^2+\omega^2}\quad,\quad y=\frac{-2\omega}{(\sigma-1)^2+\omega^2} \qquad (14.\ 2.\ 6)$$

を得る。これより

$$x^2+y^2=\frac{(\sigma^2+\omega^2-1)^2+(-2\omega)^2}{\{(\sigma-1)^2+\omega^2\}^2}$$

$$=1+\frac{4\sigma}{(\sigma-1)^2+\omega^2} \qquad (14.\ 2.\ 7)$$

となるから、$\sigma=0$ のとき、すなわち、複素平面の虚軸は単位円に写像され、$\sigma<0$ のとき、すなわち、複素平面の左半平面は単位円内に写像されることがわかる。

［例題20］例題19の安定性を双一次変換法で判別せよ。

解

$$x^2+0.4z-0.05=0$$

に

$$z=\frac{s+1}{s-1}$$

を代入すると

$$\frac{1}{(s-1)^2}\{1.35s^2+2.1s+0.55\}=0$$

ゆえに

$$1.35s^2+2.1s+0.55=0$$

となればよい。Hurwitzの安定判別法によると、全ての係数が正であり

$$D=\begin{vmatrix}2.1 & 0\\ 1.35 & 0.55\end{vmatrix}$$

となるから

$$D_1=2.1>0$$

$$D_2=\begin{vmatrix} 2.1 & 0 \\ 1.35 & 0.55 \end{vmatrix}>0$$

より、系は安定であることが分かる。

14．3　Juryの安定判別法

この方法については多くの変形されたものが発表されているが、ここではRouth-Hurwitzの安定判別法に似た方法について述べる。

特性多項式が（4．2．1）式で表されるとき、下表を作成する。

Jury表

第1行	a_n	a_{n-1}	a_{n-2}	$\cdots$	a_1	a_0
第2行	a_0	a_1	a_2	$\cdots$	a_{n-1}	a_n
第3行	b_{n-1}	b_{n-2}	b_{n-3}	$\cdots$	b_0	
第4行	b_0	b_1	b_2	$\cdots$	b_{n-1}	
$\cdot$	$\cdot$					
$\cdot$	$\cdot$					
$\cdot$	$\cdot$					
第$2n+1$行	q_1					
第$2n+2$行	q_1					

ここに

$$b_{n-1}=\begin{vmatrix} a_n & a_{n-1} \\ a_0 & a_1 \end{vmatrix},\ b_{n-2}=\begin{vmatrix} a_n & a_{n-2} \\ a_0 & a_2 \end{vmatrix},\ \cdots,\ b_0=\begin{vmatrix} a_n & a_0 \\ a_0 & a_n \end{vmatrix} \qquad (14.\ 3.\ 1)$$

である。

$P(z)$が安定多項式であるための必要十分条件はJury表の第4行の左端の係数b_0が正で、第6,8,…,$2n+2$行の左端の係数がすべて負であることである。不安定極（unstable pole）の数（単位円外にある極の数）は上に述べた係数$\{b_0, \cdots, q_1\}$の符号が異なる数だけ存在する。

［例題21］特性多項式が

$$P(z)=z^2+3z+2$$

で表されるとき、安定性を判別せよ。

解

Jury表

第1行	1	3	2
第2行	2	3	1
第3行	−3	−3	
第4行	[−3]	−3	
第5行	0		
第6行	[0]		

第4行の左端の係数が負になっており、第6行の左端の係数が零になっているので、この多項式は不安定多項式である。

14．4　Lyapunovの安定判別法

自律系の状態方程式

$$\boldsymbol{x}[\kappa+1]=\boldsymbol{A}\boldsymbol{x}[\kappa] \qquad \boldsymbol{A}(n\times n) \tag{14．4．1}$$

を考える。v関数を

$$v(\boldsymbol{x}[\kappa])=\boldsymbol{x}^T[\kappa]\boldsymbol{P}\boldsymbol{x}[\kappa]>0 \tag{14．4．2}$$

とおいて、ここに$\boldsymbol{P}$は正値行列とする。$\boldsymbol{x}$が漸近安定になるためには$v(\boldsymbol{x}[\kappa+1])-v(\boldsymbol{x}[\kappa])$が負となればよいから

$$\begin{aligned}v(\boldsymbol{x}[\kappa+1])-v(\boldsymbol{x}[\kappa])&=\boldsymbol{x}^T[\kappa]\boldsymbol{A}^T\boldsymbol{P}\boldsymbol{A}\boldsymbol{x}[\kappa]-\boldsymbol{x}^T[\kappa]\boldsymbol{P}\boldsymbol{x}[\kappa]\\&=\boldsymbol{x}^T[\kappa][\boldsymbol{A}^T\boldsymbol{P}\boldsymbol{A}-\boldsymbol{P}]\boldsymbol{x}[\kappa]\end{aligned} \tag{14．4．3}$$

より

$$\boldsymbol{A}^T\boldsymbol{PA}-\boldsymbol{P}<0 \qquad (14.\ 4.\ 4)$$

となればよい。いま、$\boldsymbol{Q}$を正値対称行列として、(14．4．4）式は

$$\boldsymbol{A}^T\boldsymbol{PA}-\boldsymbol{P}=-\boldsymbol{Q} \qquad (14.\ 4.\ 5)$$

すなわち

$$\boldsymbol{P}=\boldsymbol{Q}+\boldsymbol{A}^T\boldsymbol{PA} \qquad (14.\ 4.\ 6)$$

と書き改めることができる。これより、$\boldsymbol{Q}$を対称行列にすれば$\boldsymbol{P}$も対称行列となることが分かる。以上のことより、$\boldsymbol{Q}$を正値対称行列に選んで（14．4．6）式より$\boldsymbol{P}$を求めたとき、$\boldsymbol{P}$が正値対称行列であることが、系（14．4．1）が漸近安定となるための十分条件である。$\boldsymbol{P}$が正値行列であるための必要十分条件は、行列$\boldsymbol{P}$の主座小行列式が全て正でなければならない。これを正値性の定理という。

［例題22］制御対称の状態方程式が

$$\boldsymbol{x}[\kappa+1]=\begin{bmatrix}0 & 1\\ -0.02 & -0.3\end{bmatrix}\boldsymbol{x}[\kappa], \qquad \boldsymbol{x}[0]=\begin{bmatrix}1\\ 3\end{bmatrix}$$

で表されるとき、解の安定性を判別せよ。

解

$$\boldsymbol{P}=\begin{bmatrix}P_{11} & P_{12}\\ P_{12} & P_{22}\end{bmatrix},\quad \boldsymbol{Q}=\begin{bmatrix}1 & 0\\ 0 & 1\end{bmatrix}$$

とおいて、(14．4．6）式より

$$\begin{bmatrix}P_{11} & P_{12}\\ P_{12} & P_{22}\end{bmatrix}=\begin{bmatrix}1 & 0\\ 0 & 1\end{bmatrix}+\begin{bmatrix}0 & -0.02\\ 1 & -0.3\end{bmatrix}\begin{bmatrix}P_{11} & P_{12}\\ P_{12} & P_{22}\end{bmatrix}\begin{bmatrix}0 & 1\\ -0.02 & -0.3\end{bmatrix}$$

$$=\begin{bmatrix}1 & 0\\ 0 & 1\end{bmatrix}+\begin{bmatrix}-0.02P_{12} & -0.02P_{22}\\ (P_{11}-0.3P_{12}) & (P_{12}-0.3P_{22})\end{bmatrix}\begin{bmatrix}0 & 1\\ -0.02 & -0.3\end{bmatrix}$$

$$=\begin{bmatrix}1 & 0\\ 0 & 1\end{bmatrix}+\begin{bmatrix}(-0.02)^2P_{22} & (-0.02P_{12}+0.02\times0.3P_{22})\\ -0.02(P_{12}-0.3P_{22}) & P_{11}-0.3P_{12}-0.3P_{12}+(0.3)^2P_{22}\end{bmatrix}$$

$$\begin{cases}P_{11}=1+(0.02)^2P_{22}\\ P_{12}=-0.02(P_{12}-0.3P_{22})\\ P_{22}=1+P_{11}-0.6P_{12}+0.09P_{22}\end{cases}$$

が得られる。これより

$$P_{22}=2.190$$

$$P_{12}=\frac{0.02\times0.3}{1.02}P_{22}=0.013$$

$$P_{11}=1+(0.22)^2P_{22}=1.000$$

となる。正値性の定理より

$$P_{11}=1.000>0$$

$$P_{11}P_{22}-P_{12}{}^2=1.000\times2.190-0.013^2=2.190>0$$

であるから、この系は漸近安定である。

第15章　可制御性と可観測性

15．1　可制御性

可制御とは任意の初期状態 $\boldsymbol{x}[0]$ から、零状態 $\boldsymbol{x}[\kappa]=\boldsymbol{0}$ に有界な入力で、有限のサンプル数で状態量を移すことができることをいう。このような入力系列が存在する系を可制御（controllable）といい、そうでない系を不可制御（uncontrollable）という。

［可制御性の条件］

n 次元定係数線形系

$$\boldsymbol{x}[\kappa+1]=\boldsymbol{A}\boldsymbol{x}[\kappa]+\boldsymbol{B}\boldsymbol{u}[\kappa] \qquad (\boldsymbol{x}\in\boldsymbol{R}^n, \boldsymbol{u}\in\boldsymbol{R}^m) \qquad (15.\ 1.\ 1)$$

$$\boldsymbol{y}[\kappa]=\boldsymbol{C}\boldsymbol{x}[\kappa] \qquad (\boldsymbol{y}\in\boldsymbol{R}^l)$$

は、可制御行列（controllability matrix）

$$\boldsymbol{U}_c=[\boldsymbol{B},\boldsymbol{AB},\cdots,\boldsymbol{A}^{n-1}\boldsymbol{B}] \qquad (15.\ 1.\ 2)$$

が列full rankであるならば可制御である。すなわち

$$rank\boldsymbol{U}_c=n \qquad (15.\ 1.\ 3)$$

が可制御であるための必要十分条件である。

（15．1．3）式の条件が成立することを簡単に証明する。

（15．1．1）式より

$$\boldsymbol{x}[n]=\boldsymbol{A}^n\boldsymbol{x}[0]+\boldsymbol{A}^{n-1}\boldsymbol{B}\boldsymbol{u}[0]+\cdots+\boldsymbol{AB}\boldsymbol{u}[n-2]+\boldsymbol{B}\boldsymbol{u}[n-1] \quad (15.\ 1.\ 4)$$

$$\boldsymbol{x}[n]-\boldsymbol{A}^n\boldsymbol{x}[0]=[\boldsymbol{B}\quad \boldsymbol{AB}\quad \cdots\quad \boldsymbol{A}^{n-1}\boldsymbol{B}]\begin{bmatrix}\boldsymbol{u}[n-1]\\ \boldsymbol{u}[n-2]\\ \vdots\\ \boldsymbol{u}[0]\end{bmatrix} \tag{15.1.5}$$

となる。従って

$$rank[\boldsymbol{B}\quad \boldsymbol{AB}\quad \cdots\quad \boldsymbol{A}^{n-1}\boldsymbol{B}]=n$$

であるならば、状態量を初期状態 $\boldsymbol{x}[0]$ から目的とする終端状態 $\boldsymbol{x}[n]$ に移す制御入力 $\boldsymbol{u}[0]\sim\boldsymbol{u}[n-1]$ が存在することになる。

15. 2　可観測性

可観測とは有限のサンプル $\{\boldsymbol{y}[\kappa]\}$ と $\{\boldsymbol{u}[\kappa]\}$ から $\boldsymbol{x}[0]$ を求めることが可能であることをいう。不可能な場合を系は不可観測(unobservable)であるという。

［可観測性の条件］

n 次元定係数線形系

$$\begin{cases}\boldsymbol{x}[\kappa+1]=\boldsymbol{Ax}[\kappa]+\boldsymbol{Bu}[\kappa]\\ \boldsymbol{y}[\kappa]=\boldsymbol{Cx}[\kappa]\end{cases} \tag{15.2.1}$$

は可観測行列（observability matrix）

$$\boldsymbol{U}_0=\begin{bmatrix}\boldsymbol{C}\\ \boldsymbol{CA}\\ \boldsymbol{CA}^2\\ \vdots\\ \boldsymbol{CA}^{n-1}\end{bmatrix} \tag{15.2.2}$$

が行full rankであるとき、可観測である。すなわち

$$rank\boldsymbol{U}_0=n \tag{15.2.3}$$

が可観測であるための必要十分条件である。

（15．2．3）式の条件が成立することを簡単に証明する。

（15．2．1）式より

$$\begin{cases} \boldsymbol{x}[n]=\boldsymbol{A}^n\boldsymbol{x}[0]+\boldsymbol{A}^{n-1}\boldsymbol{Bu}[0]+\cdots+\boldsymbol{ABu}[n-2]+\boldsymbol{Bu}[n-1] \\ \boldsymbol{y}[n]=\boldsymbol{Cx}[n] \end{cases} \tag{15. 2. 4}$$

となるから、

$$\begin{bmatrix} \boldsymbol{y}[0] \\ \boldsymbol{y}[1] \\ \vdots \\ \vdots \\ \boldsymbol{y}[n-1] \end{bmatrix} - \begin{bmatrix} 0 & & & & \\ \boldsymbol{CB} & 0 & & & \\ \vdots & & \ddots & & \\ \vdots & & & \ddots & \\ \boldsymbol{CA}^{n-2}\boldsymbol{B} & \boldsymbol{CA}^{n-3}\boldsymbol{B} & \cdots & \boldsymbol{CB} & 0 \end{bmatrix} \begin{bmatrix} \boldsymbol{u}[0] \\ \boldsymbol{u}[1] \\ \vdots \\ \vdots \\ \boldsymbol{u}[n-1] \end{bmatrix} = \begin{bmatrix} \boldsymbol{C} \\ \boldsymbol{CA} \\ \vdots \\ \vdots \\ \boldsymbol{CA}^{n-1} \end{bmatrix} \boldsymbol{x}[0] \tag{15. 2. 5}$$

を得、上式から $\boldsymbol{x}[0]$ が求まるためには、$rank\boldsymbol{U}_0=n$ でなければならないことが分かる。

第16章　状態レギュレータ

16. 1　極配置によるレギュレータ

ここでは、議論を分かりやすくするため１入力１出力系を考える。系が

$$\boldsymbol{x}[\kappa+1]=\boldsymbol{A}\boldsymbol{x}[\kappa]+\boldsymbol{b}u[\kappa] \tag{16. 1. 1}$$

$$y[\kappa]=\boldsymbol{C}\boldsymbol{x}[\kappa] \tag{16. 1. 2}$$

で表わされるものとする。$\boldsymbol{A}$の特性多項式を

$$|z\boldsymbol{I}-\boldsymbol{A}|=z^n+a_{n-1}z^{n-1}+\cdots+a_1z+a_0 \tag{16. 1. 3}$$

とし、状態フィードバック $u[\kappa]=-\boldsymbol{K}^T\boldsymbol{x}[\kappa]$ を施したときの固有値を $\{\lambda_1,\lambda_2,\cdots,\lambda_n\}$ とすると、特性多項式は

$$|z\boldsymbol{I}-(\boldsymbol{A}-\boldsymbol{b}\boldsymbol{K}^T)|=(z-\lambda_1)(z-\lambda_2)\cdots(z-\lambda_n)=z^n+d_{n-1}z^{n-1}+\cdots+d_1z+d_0 \tag{16. 1. 4}$$

となる。ただし、$|\lambda_i|<1$ $(i=1,2,\cdots,n)$ である。全ての固有値を零に設定した制御を有限整定制御(finite-time settling control)またはデッドビート制御(dead beat control) という。

系を可制御標準形式に変換する行列を$\boldsymbol{T}$とすると次のように得られる。

$$\boldsymbol{T}=\boldsymbol{U}_c\boldsymbol{W}$$

$$=[\boldsymbol{b}\quad \boldsymbol{A}\boldsymbol{b}\quad \cdots\quad \boldsymbol{A}^{n-1}\boldsymbol{b}]\begin{bmatrix} a_1 & a_2 & \cdots & a_{n-1} & 1 \\ a_2 & & \cdot^{\cdot^{\cdot}} & \cdot^{\cdot^{\cdot}} & \\ \vdots & \cdot^{\cdot^{\cdot}} & \cdot^{\cdot^{\cdot}} & & \\ a_{n-1} & \cdot^{\cdot^{\cdot}} & & \boldsymbol{0} & \\ 1 & & & & \end{bmatrix} \tag{16. 1. 5}$$

系（16．1，1）に変数変換 $\boldsymbol{x}=\boldsymbol{Ts}$ を施すと

$$\boldsymbol{s}[\kappa+1]=\boldsymbol{T}^{-1}[\boldsymbol{A}-\boldsymbol{bK}^{T}]\boldsymbol{Ts}(\kappa) \qquad (16.\ 1.\ 6)$$

$$=\boldsymbol{T}^{-1}\boldsymbol{A}\boldsymbol{Ts}(\kappa)-\boldsymbol{T}^{-1}\boldsymbol{bK}^{T}\boldsymbol{Ts}(\kappa) \qquad (16.\ 1.\ 7)$$

となる。ここで

$$\boldsymbol{K}^{T}\boldsymbol{T}=[\kappa_{T0}\quad \kappa_{T1}\quad \cdots\quad \kappa_{Tn-1}] \qquad (16.\ 1.\ 8)$$

とおいて、(16．1．6)、(16．1．7) 式を要素表現することによって

$$\begin{bmatrix} 0 & 1 & & & \\ \vdots & \ddots & \ddots & & \\ \vdots & & \ddots & \ddots & \\ 0 & \cdots & \cdots & 0 & 1 \\ -d_0 & -d_1 & \cdots & \cdots & -d_{n-1} \end{bmatrix}\boldsymbol{s}[\kappa]$$

$$=\begin{bmatrix} 0 & 1 & & & \\ \vdots & \ddots & \ddots & & \\ \vdots & & \ddots & \ddots & \\ 0 & \cdots & \cdots & 0 & 1 \\ -a_0 & -a_1 & \cdots & \cdots & -a_{n-1} \end{bmatrix}\boldsymbol{s}[\kappa]-\begin{bmatrix} \vdots & & \boldsymbol{0} & & \\ \vdots & & & & \\ & & & & \\ \kappa_{T0} & \kappa_{T1} & \cdots & \cdots & \kappa_{T(n-1)} \end{bmatrix}\boldsymbol{s}[\kappa] \qquad (16.\ 1.\ 9)$$

$$\boldsymbol{K}^{T}\boldsymbol{T}=[(d_0-a_0)(d_1-a_1)\cdots(d_{n-1}-a_{n-1})]$$

$$\boldsymbol{K}^{T}\ =[(d_0-a_0)(d_1-a_1)\cdots(d_{n-1}-a_{n-1})]\boldsymbol{T}^{-1} \qquad (16.\ 1.\ 10)$$

を得る。

また、(16．1．10) 式で dead beat 制御を行うものとして

$$\boldsymbol{K}^{T}\boldsymbol{T}=\{-a_0-a_1\cdots-a_{n-1}]$$

$$\boldsymbol{K}^{T}\ =\{-a_0-a_1\cdots-a_{n-1}]\boldsymbol{T}^{-1} \qquad (16.\ 1.\ 11)$$

とおくと

$$T^{-1}[A-bK^T]T=\begin{bmatrix}0 & 1 & & \\ \vdots & \ddots & \ddots & \\ \vdots & & \ddots & 1 \\ 0 & \cdots & \cdots & 0\end{bmatrix} \qquad (16.\ 1.\ 12)$$

となり、これはn次の巾零行列であるから

$$\begin{aligned} x[n] &= [A-bK^T]x[n-1] \\ &= [A-bK^T]^n x[0] = [TT^{-1}[A-bK^T]TT^{-1}]^n x[0] \\ &= T[T^{-1}[A-bK^T]T]^n T^{-1}x[0] = 0 \end{aligned} \qquad (16.\ 1.\ 13)$$

となる。これは、有限整定レギュレータとなる。

16．2　最適レギュレータ

線形離散時間系が

$$\begin{aligned} x[\kappa+1] &= Ax[\kappa]+Bu[\kappa] \\ y[\kappa] &= Cx[\kappa] \end{aligned} \qquad (16.\ 2.\ 1)$$

で表されるとき、2次評価関数

$$J_N=\sum_{\kappa=0}^{N}(x^T[\kappa]Q[\kappa]x[\kappa]+u^T[\kappa]R[\kappa]u[\kappa]) \qquad (16.\ 2.\ 2)$$

を最小にする制御則 $u^{\circ}[\kappa]$[(18)] を求めるものとする。ただし、Nは有限で、$Q[\kappa]$ は準正値対称行列、$R[\kappa]$ は正値対称行列である。E_m を $(N-m)T$ から NT までの評価関数の値として

$$E_m=J_N-J_{N-m} \qquad (16.\ 2.\ 3)$$

とおくと

$$E_1=J_N-J_{N-1}=x^T[N]Q[N]x[N]+u^T[N]R[N]u[N] \qquad (16.\ 2.\ 4)$$

E_1 を最小にする $\boldsymbol{u}[N]$ は零であるから、$\boldsymbol{u}^\circ[N]=\boldsymbol{0}$ とおいて

$$E_1^\circ=\boldsymbol{x}^T[N]\boldsymbol{Q}[N]\boldsymbol{x}[N] \tag{16.2.5}$$

となる。上式で記号右上の◦は最適解であることを意味する。

$$\begin{aligned}E_2&=J_N-J_{N-2}\\&=E_1^\circ+\boldsymbol{x}^T[N-1]\boldsymbol{Q}[N-1]\boldsymbol{x}[N-1]+\boldsymbol{u}^T[N-1]\boldsymbol{R}[N-1]\boldsymbol{u}[N-1]\\&=(\boldsymbol{A}\boldsymbol{x}[N-1]+\boldsymbol{B}\boldsymbol{u}[N-1])^T\boldsymbol{Q}[N](\boldsymbol{A}\boldsymbol{x}[N-1]+\boldsymbol{B}\boldsymbol{u}[N-1])\\&\quad+\boldsymbol{x}^T[N-1]\boldsymbol{Q}[N-1]\boldsymbol{x}[N-1]+\boldsymbol{u}^T[N-1]\boldsymbol{R}[N-1]\boldsymbol{u}[N-1]\end{aligned} \tag{16.2.6}$$

$$\begin{aligned}\frac{\partial E_2}{\partial \boldsymbol{u}[N-1]}&=2\boldsymbol{B}^T\boldsymbol{Q}[N](\boldsymbol{A}\boldsymbol{x}[N-1]+\boldsymbol{B}\boldsymbol{u}[N-1])+2\boldsymbol{R}[N-1]\boldsymbol{u}[N-1]\\&=2\boldsymbol{B}^T\boldsymbol{Q}[N]\boldsymbol{A}\boldsymbol{x}[N-1]+2(\boldsymbol{B}^T\boldsymbol{Q}[N]\boldsymbol{B}+\boldsymbol{R}[N-1])\boldsymbol{u}[N-1]=\boldsymbol{0}\end{aligned} \tag{16.2.7}$$

より最適制御則

$$\boldsymbol{u}^\circ[N-1]=-\boldsymbol{K}^T[N-1]\boldsymbol{x}[N-1] \tag{16.2.8}$$

$$\boldsymbol{K}^T[N-1]=(\boldsymbol{B}^T\boldsymbol{Q}[N]\boldsymbol{B}+\boldsymbol{R}[N-1])^{-1}\boldsymbol{B}^T\boldsymbol{Q}[N]\boldsymbol{A} \tag{16.2.9}$$

を得る。また

$$\begin{aligned}\boldsymbol{A}\boldsymbol{x}[N-1]+\boldsymbol{B}\boldsymbol{u}^\circ[N-1]&=\{\boldsymbol{I}-\boldsymbol{B}(\boldsymbol{B}^T\boldsymbol{Q}[N]\boldsymbol{B}\\&\qquad+\boldsymbol{R}[N-1])^{-1}\boldsymbol{B}^T\boldsymbol{Q}[N]\}\boldsymbol{A}\boldsymbol{x}[N-1]\\&=(\boldsymbol{I}+\boldsymbol{B}\boldsymbol{R}^{-1}[N-1]\boldsymbol{B}^T\boldsymbol{Q}[N])^{-1}\boldsymbol{A}\boldsymbol{x}[N-1]\end{aligned} \tag{16.2.10}$$

であるから、最小の E_2 を与える式は

$$\begin{aligned}E_2^\circ&=\boldsymbol{x}^T[N-1]\{\boldsymbol{A}^T(\boldsymbol{I}+\boldsymbol{B}\boldsymbol{R}^{-1}[N-1]\boldsymbol{B}^T\boldsymbol{Q}[N])^{-T}\boldsymbol{Q}[N]\boldsymbol{A}+\boldsymbol{Q}[N-1]\}\\&\qquad\boldsymbol{x}[N-1]\\&=\boldsymbol{x}^T[N-1]\boldsymbol{P}[N-1]\boldsymbol{x}[N-1]\end{aligned} \tag{16.2.11}$$

$$\boldsymbol{P}[N-1]=\boldsymbol{A}^T(\boldsymbol{I}+\boldsymbol{B}\boldsymbol{R}^{-1}[N-1]\boldsymbol{B}^T\boldsymbol{Q}[N])^{-T}\boldsymbol{Q}[N]\boldsymbol{A}+\boldsymbol{Q}[N-1] \quad (16.\ 2.\ 12)$$

となる。以下、同様にして

$$\begin{aligned}E^\circ_m&=\boldsymbol{x}^T[N-m+1]\boldsymbol{P}[N-m+1]\boldsymbol{x}[N-m+1]\\&=(\boldsymbol{A}\boldsymbol{x}[N-m]+\boldsymbol{B}\boldsymbol{u}[N-m])^T\boldsymbol{P}[N-m+1]\\&\quad(\boldsymbol{A}\boldsymbol{x}[N-m]+\boldsymbol{B}\boldsymbol{u}[N-m])\end{aligned} \quad (16.\ 2.\ 13)$$

$$\begin{aligned}E_{m+1}&=E_m+\boldsymbol{x}^T[N-m]\boldsymbol{Q}[N-m]\boldsymbol{x}[N-m]\\&\quad+\boldsymbol{u}^T[N-m]\boldsymbol{R}[N-m]\boldsymbol{u}[N-m]\\&=(\boldsymbol{A}\boldsymbol{x}[N-m]+\boldsymbol{B}\boldsymbol{u}[N-m])^T\boldsymbol{P}[N-m+1]\\&\quad(\boldsymbol{A}\boldsymbol{x}[N-m]+\boldsymbol{B}\boldsymbol{u}[N-m])+\boldsymbol{x}^T[N-m]\boldsymbol{Q}[N-m]\boldsymbol{x}[N-m]\\&\quad+\boldsymbol{u}^T[N-m]\boldsymbol{R}[N-m]\boldsymbol{u}[N-m]\end{aligned} \quad (16.\ 2.\ 14)$$

$$\begin{aligned}\frac{\partial E_{m+1}}{\partial \boldsymbol{u}[N-m]}&=2\boldsymbol{B}^T\boldsymbol{P}[N-m+1](\boldsymbol{A}\boldsymbol{x}[N-m]+\boldsymbol{B}\boldsymbol{u}[N-m])\\&\quad+2\boldsymbol{R}[N-m]\boldsymbol{u}[N-m]=\boldsymbol{0}\end{aligned} \quad (16.\ 2.\ 15)$$

$$\boldsymbol{u}^\circ[N-m]=-\boldsymbol{K}^T[N-m]\boldsymbol{x}[N-m] \quad (16.\ 2.\ 16)$$

$$\boldsymbol{K}^T[N-m]=(\boldsymbol{B}^T\boldsymbol{P}[N-m+1]\boldsymbol{B}+\boldsymbol{R}[N-m])^{-1}\boldsymbol{B}^T\boldsymbol{P}[N-m+1]\boldsymbol{A} \quad (16.\ 2.\ 17)$$

(16．2．14) 式に (16．2．16) 式の $\boldsymbol{u}^\circ[N-m]$ を代入して

$$\begin{aligned}E^\circ_{m+1}&=(\{\boldsymbol{A}-\boldsymbol{B}\boldsymbol{K}^T[N-m]\}\boldsymbol{x}[N-m])^T\boldsymbol{P}[N-m+1]\\&\quad(\{\boldsymbol{A}-\boldsymbol{B}\boldsymbol{K}^T[N-m]\}\boldsymbol{x}[N-m])\\&\quad+\boldsymbol{x}^T[N-m]\boldsymbol{Q}[N-m]\boldsymbol{x}[N-m]\\&\quad+(\boldsymbol{K}^T[N-m]\boldsymbol{x}[N-m])^T\boldsymbol{R}[N-m](\boldsymbol{K}^T[N-m]\boldsymbol{x}[N-m])\\&=\boldsymbol{x}^T[N-m]\boldsymbol{P}[N-m]\boldsymbol{x}[N-m]\end{aligned} \quad (16.\ 2.\ 18)$$

$$\begin{aligned}\boldsymbol{P}[N-m]&=(\boldsymbol{A}-\boldsymbol{B}\boldsymbol{K}^T[N-m])^T\boldsymbol{P}[N-m+1](\boldsymbol{A}-\boldsymbol{B}\boldsymbol{K}^T[N-m])+\boldsymbol{Q}[N-m]\\&\quad+\boldsymbol{K}[N-m]\boldsymbol{R}[N-m]\boldsymbol{K}^T[N-m]\\&=\boldsymbol{A}^T\boldsymbol{P}[N-m+1](\boldsymbol{A}-\boldsymbol{B}\boldsymbol{K}^T[N-m])+\boldsymbol{Q}[N-m]\end{aligned}$$

$$-\boldsymbol{K}[N-m]\boldsymbol{B}^T\boldsymbol{P}[N-m+1](\boldsymbol{A}-\boldsymbol{B}\boldsymbol{K}^T[N-m])$$
$$+\boldsymbol{K}[N-m]\boldsymbol{R}[N-m]\boldsymbol{K}^T[N-m] \qquad (16.\ 2.\ 19)$$

となる。(16. 2. 19) 式の右辺の第3項と第4項の和は、(16. 2. 17) 式より零となるから

$$\boldsymbol{P}[N-m]=\boldsymbol{A}^T\boldsymbol{P}[N-m+1](\boldsymbol{A}-\boldsymbol{B}\boldsymbol{K}^T[N-m])+\boldsymbol{Q}[N-m] \qquad (16.\ 2.\ 20)$$

と書き替えることができる。

(16. 2. 17)、(16. 2. 20)式より $\boldsymbol{K},\boldsymbol{P}$ は次の連立方程式を逐次的に解いて求められる。

$$\begin{cases}\boldsymbol{K}^T[N-m]=(\boldsymbol{B}^T\boldsymbol{P}[N-m+1]\boldsymbol{B}+\boldsymbol{R}[N-m])^{-1}\boldsymbol{B}^T\boldsymbol{P}[N-m+1]\boldsymbol{A}\\ \boldsymbol{P}[N-m]=\boldsymbol{A}^T\boldsymbol{P}[N-m+1](\boldsymbol{A}-\boldsymbol{B}\boldsymbol{K}^T[N-m])+\boldsymbol{Q}[N-m]\end{cases} \qquad (16.\ 2.\ 21)$$

そして、最適制御則は (16. 2. 16) 式より求まる。

$$\boldsymbol{u}^\circ[N-m]=-\boldsymbol{K}^T[N-m]\boldsymbol{x}[N-m] \qquad (16.\ 2.\ 22)$$

16. 3 離散型Riccati方程式の解法

定常状態のRiccati方程式は、(16. 2. 21) 式より

$$\begin{aligned}\boldsymbol{P}&=\boldsymbol{A}^T\boldsymbol{P}\boldsymbol{A}+\boldsymbol{Q}-\boldsymbol{A}^T\boldsymbol{P}\boldsymbol{B}(\boldsymbol{R}+\boldsymbol{B}^T\boldsymbol{P}\boldsymbol{B})^{-1}\boldsymbol{B}^T\boldsymbol{P}\boldsymbol{A}\\ &=\boldsymbol{A}^T\boldsymbol{P}[\boldsymbol{A}-\boldsymbol{B}(\boldsymbol{R}+\boldsymbol{B}^T\boldsymbol{P}\boldsymbol{B})^{-1}\boldsymbol{B}^T\boldsymbol{P}\boldsymbol{A}]+\boldsymbol{Q}\end{aligned} \qquad (16.\ 3.\ 1)$$

と表されるので

$$\boldsymbol{P}\boldsymbol{x}_i=\boldsymbol{A}^T\boldsymbol{P}[\boldsymbol{A}-\boldsymbol{B}(\boldsymbol{R}+\boldsymbol{B}^T\boldsymbol{P}\boldsymbol{B})^{-1}\boldsymbol{B}^T\boldsymbol{P}\boldsymbol{A}]\boldsymbol{x}_i+\boldsymbol{Q}\boldsymbol{x}_i \qquad (16.\ 3.\ 2)$$

と書ける。$[\boldsymbol{A}-\boldsymbol{B}(\boldsymbol{R}+\boldsymbol{B}^T\boldsymbol{P}\boldsymbol{B})^{-1}\boldsymbol{B}\boldsymbol{P}\boldsymbol{A}]$ の固有値を $\{\lambda_i\}$、λ_i に対応する固有ベクトルを $\boldsymbol{x}_i$ として、(16. 3. 2) 式より

$$\begin{cases}[\boldsymbol{A}-\boldsymbol{B}(\boldsymbol{R}+\boldsymbol{B}^T\boldsymbol{P}\boldsymbol{B})^{-1}\boldsymbol{B}^T\boldsymbol{P}\boldsymbol{A}]\boldsymbol{x}_i=\lambda_i\boldsymbol{x}_i \\ \boldsymbol{P}\boldsymbol{x}_i=\lambda_i\boldsymbol{A}^T\boldsymbol{P}\boldsymbol{x}_i+\boldsymbol{Q}\boldsymbol{x}_i\end{cases} \tag{16. 3. 3}$$

となる。

$$\begin{aligned}&\boldsymbol{A}-\boldsymbol{B}(\boldsymbol{R}+\boldsymbol{B}^T\boldsymbol{P}\boldsymbol{B})^{-1}\boldsymbol{B}^T\boldsymbol{P}\boldsymbol{A}\\ &\quad=\boldsymbol{A}-\boldsymbol{B}[\boldsymbol{R}^{-1}-\boldsymbol{R}^{-1}\boldsymbol{B}^T\boldsymbol{P}\boldsymbol{B}(\boldsymbol{R}+\boldsymbol{B}^T\boldsymbol{P}\boldsymbol{B})^{-1}]\boldsymbol{B}^T\boldsymbol{P}\boldsymbol{A}\\ &\quad=\boldsymbol{A}-\boldsymbol{B}\boldsymbol{R}^{-1}\boldsymbol{B}^T\boldsymbol{P}\boldsymbol{A}+\boldsymbol{B}\boldsymbol{R}^{-1}\boldsymbol{B}^T\boldsymbol{P}\boldsymbol{B}(\boldsymbol{R}+\boldsymbol{B}^T\boldsymbol{P}\boldsymbol{B})^{-1}\boldsymbol{B}^T\boldsymbol{P}\boldsymbol{A}\\ &\quad=\boldsymbol{A}-\boldsymbol{B}\boldsymbol{R}^{-1}\boldsymbol{B}^T\boldsymbol{P}[\boldsymbol{A}-\boldsymbol{B}(\boldsymbol{R}+\boldsymbol{B}^T\boldsymbol{P}\boldsymbol{B})^{-1}\boldsymbol{B}^T\boldsymbol{P}\boldsymbol{A}]\end{aligned} \tag{16. 3. 4}$$

であるから、(16. 3. 3) 式は

$$\begin{cases}\boldsymbol{A}\boldsymbol{x}_i=\lambda_i\boldsymbol{x}_i+\lambda_i\boldsymbol{B}\boldsymbol{R}^{-1}\boldsymbol{B}^T\boldsymbol{P}\boldsymbol{x}_i \\ \boldsymbol{P}\boldsymbol{x}_i-\boldsymbol{Q}\boldsymbol{x}_i=\lambda_i\boldsymbol{A}^T\boldsymbol{P}\boldsymbol{x}_i\end{cases} \tag{16. 3. 5}$$

と書き改められ、これを行列で表わすと

$$\begin{bmatrix}\boldsymbol{A} & \boldsymbol{0}\\ -\boldsymbol{Q} & \boldsymbol{I}_n\end{bmatrix}\begin{bmatrix}\boldsymbol{x}_i\\ \boldsymbol{P}\boldsymbol{x}_i\end{bmatrix}=\lambda_i\begin{bmatrix}\boldsymbol{I}_n & \boldsymbol{B}\boldsymbol{R}^{-1}\boldsymbol{B}^T\\ \boldsymbol{0} & \boldsymbol{A}^T\end{bmatrix}\begin{bmatrix}\boldsymbol{x}_i\\ \boldsymbol{P}\boldsymbol{x}_i\end{bmatrix} \tag{16. 3. 6}$$

となる。上式に左から

$$\begin{bmatrix}\boldsymbol{I}_n & \boldsymbol{B}\boldsymbol{R}^{-1}\boldsymbol{B}^T\\ \boldsymbol{0} & \boldsymbol{A}^T\end{bmatrix}^{-1} \tag{16. 3. 7}$$

を掛けると

$$\begin{aligned}&\begin{bmatrix}\boldsymbol{I}_n & \boldsymbol{B}\boldsymbol{R}^{-1}\boldsymbol{B}^T\\ \boldsymbol{0} & \boldsymbol{A}^T\end{bmatrix}^{-1}\begin{bmatrix}\boldsymbol{A} & \boldsymbol{0}\\ -\boldsymbol{Q} & \boldsymbol{I}_n\end{bmatrix}\begin{bmatrix}\boldsymbol{x}_i\\ \boldsymbol{P}\boldsymbol{x}_i\end{bmatrix}=\lambda_i\begin{bmatrix}\boldsymbol{x}_i\\ \boldsymbol{P}\boldsymbol{x}_i\end{bmatrix}\\ &\begin{bmatrix}\boldsymbol{I}_n & -\boldsymbol{B}\boldsymbol{R}^{-1}\boldsymbol{B}^T\boldsymbol{A}^{-T}\\ \boldsymbol{0} & \boldsymbol{A}^{-T}\end{bmatrix}\begin{bmatrix}\boldsymbol{A} & \boldsymbol{0}\\ -\boldsymbol{Q} & \boldsymbol{I}_n\end{bmatrix}\begin{bmatrix}\boldsymbol{x}_i\\ \boldsymbol{P}\boldsymbol{x}_i\end{bmatrix}=\lambda_i\begin{bmatrix}\boldsymbol{x}_i\\ \boldsymbol{P}\boldsymbol{x}_i\end{bmatrix}\\ &\begin{bmatrix}\boldsymbol{A}+\boldsymbol{B}\boldsymbol{R}^{-1}\boldsymbol{B}^T\boldsymbol{A}^{-T}\boldsymbol{Q} & -\boldsymbol{B}\boldsymbol{R}^{-1}\boldsymbol{B}^T\boldsymbol{A}^{-T}\\ -\boldsymbol{A}^{-T}\boldsymbol{Q} & \boldsymbol{A}^{-T}\end{bmatrix}\begin{bmatrix}\boldsymbol{x}_i\\ \boldsymbol{P}\boldsymbol{x}_i\end{bmatrix}=\lambda_i\begin{bmatrix}\boldsymbol{x}_i\\ \boldsymbol{P}\boldsymbol{x}_i\end{bmatrix}\end{aligned} \tag{16. 3. 8}$$

が得られ、行列

$$\begin{bmatrix} \boldsymbol{A}+\boldsymbol{B}\boldsymbol{R}^{-1}\boldsymbol{B}^T\boldsymbol{A}^{-T}\boldsymbol{Q} & -\boldsymbol{B}\boldsymbol{R}^{-1}\boldsymbol{B}^T\boldsymbol{A}^{-T} \\ -\boldsymbol{A}^{-T}\boldsymbol{Q} & \boldsymbol{A}^{-T} \end{bmatrix} \tag{16.3.9}$$

をHamilton行列という。

ここで

$$\begin{aligned} \boldsymbol{V}&=[\boldsymbol{x}_1\boldsymbol{x}_2\cdots\boldsymbol{x}_n] \\ \boldsymbol{U}&=[\boldsymbol{P}\boldsymbol{x}_1,\boldsymbol{P}\boldsymbol{x}_2,\cdots,\boldsymbol{P}\boldsymbol{x}_n] \end{aligned} \tag{16.3.10}$$

とおくと、Riccati方程式の解$\boldsymbol{P}$は

$$\boldsymbol{P}=\boldsymbol{U}\boldsymbol{V}^{-1} \tag{16.3.11}$$

で求められる。

第17章　サーボ系

17. 1　サーボ系

制御対象を

$$\begin{aligned} \boldsymbol{x}[\kappa+1] &= \boldsymbol{A}\boldsymbol{x}[\kappa]+\boldsymbol{B}\boldsymbol{u}[\kappa]+\boldsymbol{d} \\ \boldsymbol{y}[\kappa] &= \boldsymbol{C}\boldsymbol{x}[\kappa] \end{aligned} \qquad (17.\ 1.\ 1)$$

$\boldsymbol{x}\in\boldsymbol{R}^n, \boldsymbol{u}\in\boldsymbol{R}^m, \boldsymbol{y}=\boldsymbol{R}^l, \boldsymbol{d}\in\boldsymbol{R}^n$ とし、$\boldsymbol{d}$ は外乱とする。そして系は$(\boldsymbol{A},\boldsymbol{B})$ 可制御、$(\boldsymbol{A},\boldsymbol{C})$ 可観測とする。

制御は、一定の目標値 $\boldsymbol{\gamma}\in\boldsymbol{R}^l$ に対して $\boldsymbol{y}[\kappa]$ が定常偏差なく追従するサーボ系を設計することを目的とする。内部モデル原理を満足するように l 個の積分器 $1/(z-1)$ を開ループ系に挿入し、$\boldsymbol{\kappa}_1^T(m\times n)$、$\boldsymbol{\kappa}_2^T(m\times l)$ でフィードバックすることによって系を安定化することを考える。

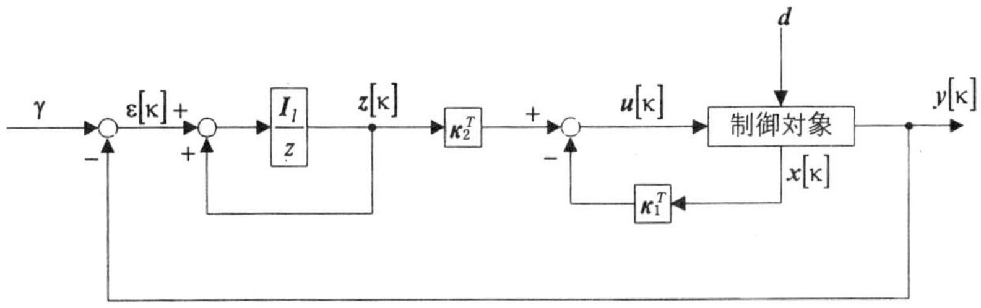

図17. 1　1型サーボ系

制御則を

$$\boldsymbol{u}[\kappa]=-\boldsymbol{\kappa}_1^T\boldsymbol{x}[\kappa]+\boldsymbol{\kappa}_2^T\boldsymbol{z}[\kappa] \qquad (17.\ 1.\ 2)$$

積分器を

$$\boldsymbol{z}[k+1]=\boldsymbol{z}[k]+\boldsymbol{\gamma}-\boldsymbol{y}[k] \tag{17. 1. 3}$$

で表すと、拡大系は

$$\begin{aligned}\begin{bmatrix}\boldsymbol{x}[\kappa+1]\\ \boldsymbol{z}[\kappa+1]\end{bmatrix}&=\begin{bmatrix}\boldsymbol{A} & \boldsymbol{0}\\ -\boldsymbol{C} & \boldsymbol{I}_l\end{bmatrix}\begin{bmatrix}\boldsymbol{x}[\kappa]\\ \boldsymbol{z}[\kappa]\end{bmatrix}+\begin{bmatrix}\boldsymbol{B}\\ \boldsymbol{0}\end{bmatrix}\boldsymbol{u}[\kappa]+\begin{bmatrix}\boldsymbol{d}\\ \boldsymbol{\gamma}\end{bmatrix}\\ &=\left[\begin{pmatrix}\boldsymbol{A} & \boldsymbol{0}\\ -\boldsymbol{C} & \boldsymbol{I}_l\end{pmatrix}+\begin{pmatrix}\boldsymbol{B}\\ \boldsymbol{0}\end{pmatrix}(-\boldsymbol{\kappa}_1^T \quad \boldsymbol{\kappa}_2^T)\right]\begin{bmatrix}\boldsymbol{x}[\kappa]\\ \boldsymbol{z}[\kappa]\end{bmatrix}+\begin{bmatrix}\boldsymbol{d}\\ \boldsymbol{\gamma}\end{bmatrix}\\ &=\begin{bmatrix}\boldsymbol{A}-\boldsymbol{B}\boldsymbol{\kappa}_1^T & \boldsymbol{B}\boldsymbol{\kappa}_2^T\\ -\boldsymbol{C} & \boldsymbol{I}_l\end{bmatrix}\begin{bmatrix}\boldsymbol{x}[\kappa]\\ \boldsymbol{z}[\kappa]\end{bmatrix}+\begin{bmatrix}\boldsymbol{d}\\ \boldsymbol{\gamma}\end{bmatrix}\end{aligned} \tag{17. 1. 4}$$

となる。従って、制御系は

$$\widetilde{\boldsymbol{A}}=\begin{bmatrix}\boldsymbol{A}-\boldsymbol{B}\boldsymbol{\kappa}_1^T & \boldsymbol{B}\boldsymbol{\kappa}_2^T\\ -\boldsymbol{C} & \boldsymbol{I}_l\end{bmatrix} \tag{17. 1. 5}$$

とおいて、特性方程式

$$|z\boldsymbol{I}_{n+l}+\widetilde{\boldsymbol{A}}|=0 \tag{17. 1. 6}$$

の根 $\{\lambda_i\}$ の $|\lambda_i|(i=1,2,\cdots,n+l)$ が１より小さくなるような $\boldsymbol{\kappa}_1$, $\boldsymbol{\kappa}_2$ を求めることによって定まる。

［例題23］

制御対象が

$$x[\kappa+1]=4x[\kappa]+u[\kappa]+d$$
$$y[\kappa]=x[\kappa]$$

で表されるとき、１型のサーボ系を設計せよ。

解

$$z[\kappa+1]=z[\kappa]+\gamma-y[\kappa]$$

であるから

$$\begin{bmatrix} x[\kappa+1] \\ z[\kappa+1] \end{bmatrix} = \begin{bmatrix} 4 & 0 \\ -1 & 1 \end{bmatrix} \begin{bmatrix} x[\kappa] \\ z[\kappa] \end{bmatrix} + \begin{bmatrix} 1 \\ 0 \end{bmatrix} u[\kappa] + \begin{bmatrix} d \\ \gamma \end{bmatrix}$$

が得られる。

$$u[\kappa] = -\kappa_1 x[\kappa] + \kappa_2 z[\kappa]$$

とおいて

$$\begin{bmatrix} x[\kappa+1] \\ z[\kappa+1] \end{bmatrix} = \begin{bmatrix} 4-\kappa_1 & \kappa_2 \\ -1 & 1 \end{bmatrix} \begin{bmatrix} x[\kappa] \\ z[\kappa] \end{bmatrix} + \begin{bmatrix} d \\ \gamma \end{bmatrix}$$

となる。ここで、dead beat制御を行うものとして、特性多項式

$$\begin{aligned} |z\boldsymbol{I} - \widetilde{\boldsymbol{A}}| &= \left| \begin{pmatrix} z & 0 \\ 0 & z \end{pmatrix} - \begin{pmatrix} 4-\kappa_1 & \kappa_2 \\ -1 & 1 \end{pmatrix} \right| \\ &= \begin{vmatrix} z-4+\kappa_1 & -\kappa_2 \\ 1 & z-1 \end{vmatrix} \\ &= (z-4+\kappa_1)(z-1)+\kappa_2 \\ &= z^2+(\kappa_1-5)z+4-\kappa_1+\kappa_2 \end{aligned}$$

が z^2 に等しいとおいて、

$$\kappa_1 = 5,\ \kappa_2 = 1$$

を得る。

17．2　最適サーボ系[17]

(17．1．1)、(17．1．2) そして (17．1．3) 式より

$$\boldsymbol{u}[\kappa+1] = -\boldsymbol{\kappa}_1^T \boldsymbol{x}[\kappa+1] + \boldsymbol{\kappa}_2^T \boldsymbol{z}(\kappa+1)$$

$$
\begin{aligned}
&= -\boldsymbol{\kappa}_1^T(\boldsymbol{A}\boldsymbol{x}[\kappa]+\boldsymbol{B}\boldsymbol{u}[\kappa]+\boldsymbol{d})+\boldsymbol{\kappa}_2^T(\boldsymbol{z}[\kappa]+\boldsymbol{\gamma}-\boldsymbol{y}[\kappa])\\
&= -\boldsymbol{\kappa}_1^T\boldsymbol{A}\boldsymbol{x}[\kappa]-\boldsymbol{\kappa}_1^T\boldsymbol{B}\boldsymbol{u}[\kappa]-\boldsymbol{\kappa}_1^T\boldsymbol{d}+\boldsymbol{u}[\kappa]+\boldsymbol{\kappa}_1^T\boldsymbol{x}[\kappa]+\boldsymbol{\kappa}_2^T\boldsymbol{\gamma}-\boldsymbol{\kappa}_2^T\boldsymbol{C}\boldsymbol{x}[\kappa]\\
&= -[\boldsymbol{\kappa}_1^T(\boldsymbol{A}-\boldsymbol{I}_n)+\boldsymbol{\kappa}_2^T\boldsymbol{C}]\boldsymbol{x}[\kappa]+[\boldsymbol{I}_m-\boldsymbol{\kappa}_1^T\boldsymbol{B}]\boldsymbol{u}[\kappa]+\boldsymbol{\kappa}_2^T\boldsymbol{\gamma}-\boldsymbol{\kappa}_1^T\boldsymbol{d}
\end{aligned}
\tag{17. 2. 1}
$$

(17．1．1)、(17．2．1) 式より

$$
\begin{aligned}
\begin{bmatrix}\boldsymbol{x}[\kappa+1]\\ \boldsymbol{u}[\kappa+1]\end{bmatrix}&=\begin{bmatrix}\boldsymbol{A} & \boldsymbol{B}\\ -\boldsymbol{\kappa}_1^T(\boldsymbol{A}-\boldsymbol{I}_n)-\boldsymbol{\kappa}_2^T\boldsymbol{C} & \boldsymbol{I}_m-\boldsymbol{\kappa}_1^T\boldsymbol{B}\end{bmatrix}\begin{bmatrix}\boldsymbol{x}[\kappa]\\ \boldsymbol{u}[\kappa]\end{bmatrix}+\begin{bmatrix}\boldsymbol{d}\\ \boldsymbol{\kappa}_2^T\boldsymbol{\gamma}-\boldsymbol{\kappa}_1^T\boldsymbol{d}\end{bmatrix}\\
&=\left[\begin{pmatrix}\boldsymbol{I}_n & \boldsymbol{0}\\ \boldsymbol{0} & \boldsymbol{I}_m\end{pmatrix}+\begin{pmatrix}\boldsymbol{I}_n & \boldsymbol{0}\\ -\boldsymbol{\kappa}_1^T & -\boldsymbol{\kappa}_2^T\end{pmatrix}\begin{pmatrix}\boldsymbol{A}-\boldsymbol{I}_n & \boldsymbol{B}\\ \boldsymbol{C} & \boldsymbol{0}\end{pmatrix}\right]\begin{bmatrix}\boldsymbol{x}[\kappa]\\ \boldsymbol{u}[\kappa]\end{bmatrix}+\begin{bmatrix}\boldsymbol{d}\\ \boldsymbol{\kappa}_2^T\boldsymbol{\gamma}-\boldsymbol{\kappa}_1^T\boldsymbol{d}\end{bmatrix}
\end{aligned}
\tag{17. 2. 2}
$$

となる。

いま、$\boldsymbol{x}[\kappa]$、$\boldsymbol{u}[\kappa]$ の定常値からの偏差を

$$
\begin{aligned}
\delta\boldsymbol{x}[\kappa]&=\boldsymbol{x}[\kappa]-\boldsymbol{x}[\infty]\\
\delta\boldsymbol{u}[\kappa]&=\boldsymbol{u}[\kappa]-\boldsymbol{u}[\infty]
\end{aligned}
\tag{17. 2. 3}
$$

として、(17．2．2) 式より

$$
\begin{bmatrix}\delta\boldsymbol{x}[\kappa+1]\\ \delta\boldsymbol{u}[\kappa+1]\end{bmatrix}=\begin{bmatrix}\boldsymbol{A} & \boldsymbol{B}\\ -\boldsymbol{\kappa}_1^T(\boldsymbol{A}-\boldsymbol{I}_n)-\boldsymbol{\kappa}_2^T\boldsymbol{C} & \boldsymbol{I}_m-\boldsymbol{\kappa}_1^T\boldsymbol{B}\end{bmatrix}\begin{bmatrix}\delta\boldsymbol{x}[\kappa]\\ \delta\boldsymbol{u}[\kappa]\end{bmatrix}
\tag{17. 2. 4}
$$

を得る。これより

$$
\begin{bmatrix}\delta\boldsymbol{x}[\kappa+1]\\ \delta\boldsymbol{u}[\kappa+1]\end{bmatrix}=\begin{bmatrix}\boldsymbol{A} & \boldsymbol{B}\\ \boldsymbol{0} & \boldsymbol{I}_m\end{bmatrix}\begin{bmatrix}\delta\boldsymbol{x}[\kappa]\\ \delta\boldsymbol{u}[\kappa]\end{bmatrix}-\begin{bmatrix}\boldsymbol{0}\\ \boldsymbol{I}_m\end{bmatrix}[\boldsymbol{\kappa}_1^T \quad \boldsymbol{\kappa}_2^T]\begin{bmatrix}\boldsymbol{A}-\boldsymbol{I}_n & \boldsymbol{B}\\ \boldsymbol{C} & \boldsymbol{0}\end{bmatrix}\begin{bmatrix}\delta\boldsymbol{x}[\kappa]\\ \delta\boldsymbol{u}[\kappa]\end{bmatrix}
\tag{17. 2. 5}
$$

$$
\begin{bmatrix}\delta\boldsymbol{x}[\kappa+1]\\ \delta\boldsymbol{u}[\kappa+1]\end{bmatrix}=\begin{bmatrix}\boldsymbol{A} & \boldsymbol{B}\\ \boldsymbol{0} & \boldsymbol{I}_m\end{bmatrix}\begin{bmatrix}\delta\boldsymbol{x}[\kappa]\\ \delta\boldsymbol{u}[\kappa]\end{bmatrix}+\begin{bmatrix}\boldsymbol{0}\\ \boldsymbol{I}_m\end{bmatrix}\boldsymbol{v}[\kappa]
\tag{17. 2. 6}
$$

$$
\boldsymbol{v}[\kappa]=-[\boldsymbol{\kappa}_1^T \quad \boldsymbol{\kappa}_2^T]\begin{bmatrix}\boldsymbol{A}-\boldsymbol{I}_n & \boldsymbol{B}\\ \boldsymbol{C} & \boldsymbol{0}\end{bmatrix}\begin{bmatrix}\delta\boldsymbol{x}[k]\\ \delta\boldsymbol{u}[k]\end{bmatrix}
\tag{17. 2. 7}
$$

と書き改められる。ここで

$$\tilde{\boldsymbol{x}}[\kappa]=\begin{bmatrix}\delta\boldsymbol{x}[\kappa]\\ \delta\boldsymbol{u}[\kappa]\end{bmatrix},\ \boldsymbol{\Phi}=\begin{bmatrix}\boldsymbol{A} & \boldsymbol{B}\\ 0 & \boldsymbol{I}_m\end{bmatrix},\ \boldsymbol{\Gamma}=\begin{bmatrix}0\\ \boldsymbol{I}_m\end{bmatrix},\ \boldsymbol{E}=\begin{bmatrix}\boldsymbol{A}-\boldsymbol{I}_n & \boldsymbol{B}\\ \boldsymbol{C} & 0\end{bmatrix} \tag{17. 2. 8}$$

とおくと

$$\begin{aligned}\tilde{\boldsymbol{x}}[\kappa+1]&=\boldsymbol{\Phi}\tilde{\boldsymbol{x}}[\kappa]+\boldsymbol{\Gamma}\boldsymbol{v}[\kappa]\\ \boldsymbol{v}[\kappa]&=-[\boldsymbol{\kappa}_1^T\quad \boldsymbol{\kappa}_2^T]\boldsymbol{E}\tilde{\boldsymbol{x}}[\kappa]\end{aligned} \tag{17. 2. 9}$$

と表わすことができる。

最適制御則は、Riccati方程式

$$\boldsymbol{P}=\boldsymbol{Q}+\boldsymbol{\Phi}^T\boldsymbol{P}\boldsymbol{\Phi}-\boldsymbol{\Phi}^T\boldsymbol{P}\boldsymbol{\Gamma}(\boldsymbol{R}+\boldsymbol{\Gamma}^T\boldsymbol{P}\boldsymbol{\Gamma})^{-1}\boldsymbol{\Gamma}^T\boldsymbol{P}\boldsymbol{\Phi} \tag{17. 2. 10}$$

を解いて、$\boldsymbol{P}$を求め、拡大系のフィードバック係数行列を$\tilde{\boldsymbol{F}}$とおくと

$$\begin{aligned}\boldsymbol{v}[\kappa]&=-(\boldsymbol{R}+\boldsymbol{\Gamma}^T\boldsymbol{P}\boldsymbol{\Gamma})^{-1}\boldsymbol{\Gamma}^T\boldsymbol{P}\boldsymbol{\Phi}\tilde{\boldsymbol{x}}[\kappa]\\ &=-\tilde{\boldsymbol{F}}\tilde{\boldsymbol{x}}[\kappa]\end{aligned} \tag{17. 2. 11}$$

$$\tilde{\boldsymbol{F}}=(\boldsymbol{R}+\boldsymbol{\Gamma}^T\boldsymbol{P}\boldsymbol{\Gamma})^{-1}\boldsymbol{\Gamma}^T\boldsymbol{P}\boldsymbol{\Phi} \tag{17. 2. 12}$$

が得られる。そして（17. 2. 7）と（17. 2. 11）式より、フィードバック係数行列

$$[\boldsymbol{\kappa}_1^T\quad \boldsymbol{\kappa}_2^T]=\tilde{\boldsymbol{F}}\boldsymbol{E}^{-1} \tag{17. 2. 13}$$

が求まる。

第18章　離散時間系のオブザーバ

18．1　同一次元オブザーバ

l 個の出力は独立であるとする。

制御対象が

$$\begin{aligned} \boldsymbol{x}[\kappa+1] &= \boldsymbol{A}\boldsymbol{x}[\kappa]+\boldsymbol{B}\boldsymbol{u}[\kappa] \\ \boldsymbol{y}[\kappa] &= \boldsymbol{C}\boldsymbol{x}[\kappa] \end{aligned} \qquad (18.\ 1.\ 1)$$

で表されるものとし、状態観測器を

$$\begin{aligned} \hat{\boldsymbol{x}}[\kappa+1] &= \boldsymbol{A}\hat{\boldsymbol{x}}[\kappa]+\boldsymbol{B}\boldsymbol{u}[\kappa]+\boldsymbol{\kappa}(\boldsymbol{y}[\kappa]-\hat{\boldsymbol{y}}[\kappa]) \\ &= (\boldsymbol{A}-\boldsymbol{\kappa}\boldsymbol{C})\hat{\boldsymbol{x}}[\kappa]+\boldsymbol{\kappa}\boldsymbol{y}[\kappa]+\boldsymbol{B}\boldsymbol{u}[\kappa] \end{aligned} \qquad (18.\ 1.\ 2)$$

とする。推定誤差を

$$\boldsymbol{e}[\kappa]=\hat{\boldsymbol{x}}[\kappa]-\boldsymbol{x}[\kappa] \qquad (8.\ 1.\ 3)$$

として

$$\begin{aligned} \hat{\boldsymbol{x}}[\kappa+1]-\boldsymbol{x}[\kappa+1] &= \{(\boldsymbol{A}-\boldsymbol{\kappa}\boldsymbol{C})\hat{\boldsymbol{x}}[\kappa]+\boldsymbol{\kappa}\boldsymbol{y}[\kappa]+\boldsymbol{B}\boldsymbol{u}[\kappa]\}-\{\boldsymbol{A}\boldsymbol{x}[\kappa]+\boldsymbol{B}\boldsymbol{u}[\kappa]\} \\ &= (\boldsymbol{A}-\boldsymbol{\kappa}\boldsymbol{C})(\hat{\boldsymbol{x}}[\kappa]-\boldsymbol{x}[\kappa]) \end{aligned} \qquad (18.\ 1.\ 4)$$

より

$$\begin{aligned} \boldsymbol{e}[\kappa+1] &= (\boldsymbol{A}-\boldsymbol{\kappa}\boldsymbol{C})\boldsymbol{e}[\kappa] \\ &= (\boldsymbol{A}-\boldsymbol{\kappa}\boldsymbol{C})^{\kappa+1}\boldsymbol{e}[0] \end{aligned} \qquad (18.\ 1.\ 5)$$

となる。$\boldsymbol{A}-\boldsymbol{\kappa}\boldsymbol{C}$ が安定行列になるように、特性方程式 $|z\boldsymbol{I}-\boldsymbol{A}+\boldsymbol{\kappa}\boldsymbol{C}|=0$ の固有値 $\{\lambda_i\}(i=1,2,\cdots,n)$ の絶対値 $|\lambda_i|$ が 1 より小さくなるように $\boldsymbol{\kappa}$ を定めると、κ

$\to\infty$ で $\boldsymbol{e}[\kappa]=\boldsymbol{0}$ となるから、状態量 $\boldsymbol{x}[\kappa]$ を推定することが可能となる。このような状態観測器を同一次元オブザーバという。そして、$\boldsymbol{A}-\boldsymbol{\kappa C}$ の固有値をオブザーバの極という。

18. 2　最小次元オブザーバ

出力 $\boldsymbol{y}[\kappa]$ は測定可能であり、これによって状態量の一部が測定できることになる。従って、残りの状態量を観測器を用いて推定すればよいことになる。このような $n-l$ 次元のオブザーバを最小次元オブザーバという。

系（18. 1. 1）の最小次元オブザーバを

$$\boldsymbol{z}[\kappa+1]=\hat{\boldsymbol{A}}\boldsymbol{z}[\kappa]+\hat{\boldsymbol{\kappa}}\boldsymbol{y}[\kappa]+\hat{\boldsymbol{B}}\boldsymbol{u}[\kappa] \qquad (18.\ 2.\ 1)$$

で表す。状態推定量を $\hat{\boldsymbol{x}}$ として、次式が成立するものとする。

$$\begin{bmatrix}\boldsymbol{y}[\kappa]\\ \boldsymbol{z}[\kappa]\end{bmatrix}=\begin{bmatrix}\boldsymbol{C}\\ \boldsymbol{T}\end{bmatrix}\hat{\boldsymbol{x}}[\kappa] \qquad (18.\ 2.\ 2)$$

ここで

$$\begin{bmatrix}\boldsymbol{C}\\ \boldsymbol{T}\end{bmatrix}^{-1}=[\boldsymbol{H}\quad \boldsymbol{D}] \qquad (18.\ 2.\ 3)$$

とおくことによって

$$\hat{\boldsymbol{x}}[\kappa]=\boldsymbol{H}\boldsymbol{y}[\kappa]+\boldsymbol{D}\boldsymbol{z}[\kappa] \qquad (18.\ 2.\ 4)$$

$$\boldsymbol{HC}+\boldsymbol{DT}=\boldsymbol{I} \qquad (18.\ 2.\ 5)$$

が得られる。(18. 1. 1)、(18. 2. 1) 式より

$$\begin{aligned}\boldsymbol{z}[\kappa+1]-\boldsymbol{T}\boldsymbol{x}[\kappa+1]&=(\hat{\boldsymbol{A}}\boldsymbol{z}[\kappa]+\hat{\boldsymbol{\kappa}}\boldsymbol{y}[\kappa]+\hat{\boldsymbol{B}}\boldsymbol{u}[\kappa])-\boldsymbol{T}(\boldsymbol{A}\boldsymbol{x}[\kappa]+\boldsymbol{B}\boldsymbol{u}[\kappa])\\ &=\hat{\boldsymbol{A}}(\boldsymbol{z}[\kappa]-\boldsymbol{T}\boldsymbol{x}[\kappa])+(\hat{\boldsymbol{A}}\boldsymbol{T}+\hat{\boldsymbol{\kappa}}\boldsymbol{C}-\boldsymbol{TA})\boldsymbol{x}[\kappa]\\ &\quad+(\hat{\boldsymbol{B}}-\boldsymbol{TB})\boldsymbol{u}[\kappa]\end{aligned} \qquad (18.\ 2.\ 6)$$

ここで

$$\hat{\boldsymbol{A}}\boldsymbol{T}+\hat{\boldsymbol{\kappa}}\boldsymbol{C}-\boldsymbol{T}\boldsymbol{A}=\boldsymbol{0} \qquad (18.\ 2.\ 7)$$

$$\hat{\boldsymbol{B}}=\boldsymbol{T}\boldsymbol{B} \qquad (18.\ 2.\ 8)$$

推定誤差を

$$\boldsymbol{e}[\kappa]=\boldsymbol{z}[\kappa]-\boldsymbol{T}\boldsymbol{x}[\kappa] \qquad (18.\ 2.\ 9)$$

おけば、(18. 2. 6) 式は

$$\boldsymbol{e}[\kappa+1]=\hat{\boldsymbol{A}}\boldsymbol{e}[\kappa] \qquad (18.\ 2.\ 10)$$

で表わされるから、$\hat{\boldsymbol{A}}$が安定行列であれば、すなわち$\hat{\boldsymbol{A}}$の固有値$\{\lambda_i\}(i=1,\cdots,n)$の絶対値$|\lambda_i|$が1より小さければ$\kappa\to\infty$で$\boldsymbol{e}[\kappa]\to\boldsymbol{0}$となるから、状態量を推定することが可能となる。

18. 3　オブザーバを併用したレギュレータ

最小次元オブザーバで測定不可能な状態量を推定し、その状態推定量を用いて状態フィードバックを行うレギュレータについて述べる。

制御対象の状態方程式を

$$\boldsymbol{x}[\kappa+1]=\boldsymbol{A}\boldsymbol{x}[\kappa]+\boldsymbol{B}\boldsymbol{u}[\kappa] \qquad (18.\ 3.\ 1)$$

として、フィードバック

$$\boldsymbol{u}[\kappa]=-\boldsymbol{K}^T\hat{\boldsymbol{x}}[\kappa]$$

$$=-\boldsymbol{K}^T(\boldsymbol{H}\boldsymbol{C}\boldsymbol{x}[\kappa]+\boldsymbol{D}z[\kappa])$$

を施すと

$$\boldsymbol{x}[\kappa+1]=(\boldsymbol{A}-\boldsymbol{B}\boldsymbol{K}^T\boldsymbol{H}\boldsymbol{C})\boldsymbol{x}[\kappa]-\boldsymbol{B}\boldsymbol{K}^T\boldsymbol{D}\boldsymbol{z}[\kappa] \qquad (18.\ 3.\ 3)$$

となる。

オブザーバを

$$
\begin{aligned}
\boldsymbol{z}[\kappa+1] &= \hat{\boldsymbol{A}}\boldsymbol{z}[\kappa]+\hat{\boldsymbol{\kappa}}\boldsymbol{y}[\kappa]+\hat{\boldsymbol{B}}\boldsymbol{u}[\kappa] \\
&= (\hat{\boldsymbol{\kappa}}\boldsymbol{C}-\hat{\boldsymbol{B}}\boldsymbol{K}^T\boldsymbol{H}\boldsymbol{C})\boldsymbol{x}[\kappa]+(\hat{\boldsymbol{A}}-\hat{\boldsymbol{B}}\boldsymbol{K}^T\boldsymbol{D})\boldsymbol{z}[\kappa]
\end{aligned}
\qquad (18.\ 3.\ 4)
$$

と表すと、(18. 3. 3)、(18. 3. 4) 式より

$$
\begin{bmatrix} \boldsymbol{x}[\kappa+1] \\ \boldsymbol{z}[\kappa+1] \end{bmatrix}
=\begin{bmatrix} \boldsymbol{A}-\boldsymbol{B}\boldsymbol{K}^T\boldsymbol{H}\boldsymbol{C} & -\boldsymbol{B}\boldsymbol{K}^T\boldsymbol{D} \\ \hat{\boldsymbol{\kappa}}\boldsymbol{C}-\hat{\boldsymbol{B}}\boldsymbol{K}^T\boldsymbol{H}\boldsymbol{C} & \hat{\boldsymbol{A}}-\hat{\boldsymbol{B}}\boldsymbol{K}^T\boldsymbol{D} \end{bmatrix}
\begin{bmatrix} \boldsymbol{x}[\kappa] \\ \boldsymbol{z}[\kappa] \end{bmatrix}
\qquad (18.\ 3.\ 5)
$$

が得られる。また

$$
\begin{bmatrix} \boldsymbol{x}[\kappa] \\ \boldsymbol{e}[\kappa] \end{bmatrix}
=\begin{bmatrix} \boldsymbol{I}_n & \boldsymbol{0} \\ -\boldsymbol{T} & \boldsymbol{I}_{n-l} \end{bmatrix}
\begin{bmatrix} \boldsymbol{x}[\kappa] \\ \boldsymbol{z}[\kappa] \end{bmatrix}
\qquad (18.\ 3.\ 6)
$$

であるから

$$
\begin{bmatrix} \boldsymbol{I}_n & \boldsymbol{0} \\ -\boldsymbol{T} & \boldsymbol{I}_{n-l} \end{bmatrix}
\qquad (18.\ 3.\ 7)
$$

を (18. 3. 5) 式の両辺に左から掛けて

$$
\begin{aligned}
\begin{bmatrix} \boldsymbol{x}[\kappa+1] \\ \boldsymbol{e}[\kappa+1] \end{bmatrix}
&=\begin{bmatrix} \boldsymbol{I}_n & \boldsymbol{0} \\ -\boldsymbol{T} & \boldsymbol{I}_{n-l} \end{bmatrix}
\begin{bmatrix} \boldsymbol{A}-\boldsymbol{B}\boldsymbol{K}^T\boldsymbol{H}\boldsymbol{C} & -\boldsymbol{B}\boldsymbol{K}^T\boldsymbol{D} \\ \hat{\boldsymbol{\kappa}}\boldsymbol{C}-\hat{\boldsymbol{B}}\boldsymbol{K}^T\boldsymbol{H}\boldsymbol{C} & \hat{\boldsymbol{A}}-\hat{\boldsymbol{B}}\boldsymbol{K}^T\boldsymbol{D} \end{bmatrix}
\begin{bmatrix} \boldsymbol{I}_n & \boldsymbol{0} \\ \boldsymbol{T} & \boldsymbol{I}_{n-l} \end{bmatrix}
\begin{bmatrix} \boldsymbol{x}[\kappa] \\ \boldsymbol{e}[\kappa] \end{bmatrix} \\
&=\begin{bmatrix} \boldsymbol{A}-\boldsymbol{B}\boldsymbol{K}^T & -\boldsymbol{B}\boldsymbol{K}^T\boldsymbol{D} \\ \boldsymbol{0} & \hat{\boldsymbol{A}} \end{bmatrix}
\begin{bmatrix} \boldsymbol{x}[\kappa] \\ \boldsymbol{e}[\kappa] \end{bmatrix}
\end{aligned}
\qquad (18.\ 3.\ 8)
$$

を得る。これより特性方程式は

$$
\begin{vmatrix} z\boldsymbol{I}_n-\boldsymbol{A}+\boldsymbol{B}\boldsymbol{K}^T & \boldsymbol{B}\boldsymbol{K}^T\boldsymbol{D} \\ \boldsymbol{0} & z\boldsymbol{I}_{n-l}-\hat{\boldsymbol{A}} \end{vmatrix}
=|z\boldsymbol{I}_n-\boldsymbol{A}+\boldsymbol{B}\boldsymbol{K}^T|\cdot|z\boldsymbol{I}_{n-l}-\hat{\boldsymbol{A}}|=0
\qquad (18.\ 3.\ 9)
$$

となるから、レギュレータの極とオブザーバの極を分離して設計できることが分かる。これを分離原理という。

付　　録

A　同次方程式 $\dot{\boldsymbol{x}}=\boldsymbol{A}\boldsymbol{x}$ の解

$\dot{\boldsymbol{x}}=\boldsymbol{A}\boldsymbol{x}$ の解 $\boldsymbol{x}(t)$ は、初期状態ベクトルを $\boldsymbol{x}(0)$ とおくと

$$\boldsymbol{x}(t)=exp(\boldsymbol{A}t)\boldsymbol{x}(0) \tag{A. 1}$$

となる。

これは $\boldsymbol{x}(t)$を Maclaurin 展開して $\dot{\boldsymbol{x}}=\boldsymbol{A}\boldsymbol{x}$, $\ddot{\boldsymbol{x}}=\boldsymbol{A}^2\boldsymbol{x}\cdots$, $\boldsymbol{x}^{(n)}=\boldsymbol{A}^{(n)}\boldsymbol{x}$, …を代入することによって

$$\begin{aligned}\boldsymbol{x}(t)&=\boldsymbol{x}(0)+\boldsymbol{x}^{(1)}(0)t+\frac{1}{2!}\boldsymbol{x}^{(2)}(0)t^2+\cdots+\frac{1}{\mathrm{n}!}\boldsymbol{x}^{(n)}(0)t^n+\cdots\\&=\left(\boldsymbol{I}+\boldsymbol{A}t+\frac{1}{2!}(\boldsymbol{A}t)^2+\cdots+\frac{1}{n!}(\boldsymbol{A}t)^n+\cdots\right)\boldsymbol{x}(0)\\&=exp(\boldsymbol{A}t)\boldsymbol{x}(0)\end{aligned}$$

が得られることから分かる。

また $\dot{\boldsymbol{x}}=\boldsymbol{A}\boldsymbol{x}$ をラプラス変換法で解くと

$$\boldsymbol{x}(t)=\mathcal{L}^{-1}\{[s\boldsymbol{I}-\boldsymbol{A}]^{-1}\}\boldsymbol{x}(o) \tag{A. 2}$$

となるから (A. 1)、(A. 2) より

$$\mathcal{L}^{-1}\{[s\boldsymbol{I}-\boldsymbol{A}]^{-1}\}=exp(\boldsymbol{A}t)$$

なる関係式が得られる。

B　BIBO安定

$\boldsymbol{X}(s)=\boldsymbol{H}(s)\boldsymbol{U}(s)$ で表わされ、$\boldsymbol{H}(s)$ が複素右半平面に同じ零点と極をもたないものとする。これを逆ラプラス変換すると

$$\boldsymbol{x}(t)=\int_0^t \boldsymbol{h}(t-\tau)\boldsymbol{u}(\tau)d\tau$$

で表されるから、$\|\boldsymbol{u}(t)\|\leqq k$ のとき

$$\|\boldsymbol{x}(t)\|\leqq\int_0^t\|\boldsymbol{h}(t-\tau)\|\|\boldsymbol{u}(\tau)\|d\tau\leqq k\int_0^t\|\boldsymbol{h}(\tau)\|d\tau$$

となる。これより

$$\int_0^t\|\boldsymbol{h}(\tau)\|d\tau<\infty$$

であれば系は有界入力－有界出力安定となる。

C　インパルス

インパルス(impulse)は、$t\neq 0$ で $\delta(t)=0, \int_{-\infty}^{\infty}\delta(t)dt=1$ となる関数 $\delta(t)$ で表わされ、Dirac のデルタ関数と呼ぶ。ラプラス変換すると

$$\mathcal{L}\{\delta(t)\}=\int_0^{\infty}\delta(t)e^{-st}dt=\lim_{\epsilon\to 0}\int_0^{\epsilon}\frac{e^{-st}}{\epsilon}dt=\lim_{\epsilon\to 0}\left[-\frac{e^{-st}}{s}\right]_0^{\epsilon}$$

$$=\lim_{\epsilon\to 0}\frac{1}{\epsilon s}(-e^{-s\epsilon}+1)=1$$

となる。

[$\mathcal{L}\{\delta(t)\}$の別解]

$u(t)$を単位階段関数として $\delta(t)$ を $\lim_{\epsilon \to 0} \frac{u(t)-u(t-\epsilon)}{\epsilon}$ で近似すると

$$\mathcal{L}\{\delta(t)\}=\mathcal{L}\left\{\lim_{\epsilon \to 0} \frac{u(t)-u(t-\epsilon)}{\epsilon}\right\}=\lim_{\epsilon \to 0}\frac{1}{\epsilon}\Big(\mathcal{L}\{u(t)\}-\mathcal{L}\{u(t-\epsilon)\}\Big)$$

$$=\lim_{\epsilon \to 0}\frac{1-e^{-s\epsilon}}{\epsilon s}=1$$

となる。

■参考文献

(1) 伊藤：システム制御理論（昭晃堂）

(2) 小郷、美多：システム制御理論入門（実教出版株式会社）

(3) 嘉納：現代制御工学（日刊工業新聞社）

(4) 山本：システムと制御の数学（朝倉書店）

(5) 杉山：ラプラス変換入門（実教出版株式会社）

(6) 計測自動制御学会編：自動制御ハンドブック（基礎編）（オーム社）

(7) H.Kwakernaak & Sivan: Linear Control Systems (Wiley-interscience)

(8) 坂和：最適システム制御論（コロナ社）

(9) 竹内、三宝：多項式形非線形系の安定解析と安定化制御
電学論、第104巻　第5号（1984）

(10) 竹内、得丸：不完全状態観測に基づく非線形レギュレータ
システムと制御、Vol.29 No.8　(1985)

(11) 美多：H^∞ 制御、昭晃堂（1994）

(12) 浜田、松本、高橋：現代制御理論入門（コロナ社）

(13) 吉川、井村：現代制御論（昭晃堂）

(14) J.C.Doyle, B.A.Francis and A.R.Tannenbaum: Feedback Control Theory, Macmillan. (1992)

(15) B.A.Francis: A Course in H^∞ Control Theory, Springer-Verlag(1987)

(16) 前田、杉江：システム制御理論、朝倉書店（1990）

(17) 美多：ディジタル制御理論。(昭晃堂)

(18) C.L.Phillips & H.T.Nagle Jr. 著、横山、佐川、貴家訳：ディジタル制御システム。
（日刊工業新聞社）

(19) 大島：自動制御用語事典（オーム社）

(20) 原島、土手：モーションコントロール（コロナ社）

(21) 布川：ラプラス変換と常微分方程式（昭晃堂）

(22) 電気学会：自動制御理論（オーム社）

(23) 竹内：不連続非線形制御系
日本ロジスティクスシステム学会論文誌．Vol.1、No.1.（2000）

索　　引

■著者紹介
竹内　義之（たけうち　よしゆき）

京都大学工学博士
1988年4月　徳島文理大学工学部助教授
1993年4月　徳島文理大学工学部教授
2001年4月　非線形制御工学研究所

線形制御工学

2002年9月10日　初版第1刷発行

■著　者――竹内　義之
■発行者――佐藤　正男
■発行所――株式会社 大学教育出版
〒700-0951　岡山市田中124-101
電話（086）244-1268　FAX（086）246-0294
■印刷所――サンコー印刷㈱
■製本所――日宝綜合製本㈱
■装　丁――ティーボーンデザイン事務所

ISBN4-88730-499-4